資源メジャーの誕生と成長戦略

澤田賢治 ……［著］

築地書館

まえがき

　資源を取り巻く環境は、急激な変化を続けており、新興国の台頭、資源メジャーの再編、資源ナショナリズム、投機的資金の流入などのパラダイムシフトがみられ、資源価格の乱高下（ボラティリティ）が拡大している。21世紀における資源確保競争は、20世紀に比べて激化の傾向にあり、資源の安定的確保は、今後、ますます重要な課題となることが予想される。

　このような歴史の転換期に、世界の資源メジャーに焦点をあて、その誕生から発展にいたるまでの歴史を明らかにし、現在の代表的な資源メジャーがどのような成長戦略と資源確保をめざしているのか分析を試みた。

　第1章では、英国銅産業の歴史を追って、英国イングランド地域南西端のコーンウォール州での銅開発で培われた鉱山技術や輸送技術、英国における金融業者のマーチャント・バンカーの形成により、コーンウォール州の銅資源枯渇後も、英国の植民地である大英帝国の発展とともに資源開発の場が英国から海外に移っていったことを述べた。

　スペインのRio Tinto鉱山（硫酸の原料となるパイライト精鉱・銅）や豪州のBroken Hill鉱山（銀・鉛・亜鉛）など単独の鉱山開発からスタートした資源メジャーが、どのようにしてグローバル化と事業の多角化をとげたのか、既存の文献調査から明らかにした。資源メジャーの発展は、英国政府のウラン政策、豪州政府の製鉄業や石油・天然ガス事業の政策や助成に助けられたこともあった。しかし、優れた会長や最高経営責任者（CEO：Chief Executive Officer）の登場による成長戦略や決断が、大きな原動力であった。

　資源メジャーは、2000年以降の大型企業買収により、売上高や生産規模を急激に拡大していった。大英帝国によるグローバル化の中で、優秀な資本家・経営者・技術者が多くの試練を乗り越えて、資源におけるグローバ

3

ル企業を形成していった。企業買収や拡張政策を進める経営者の中には、資源価格が変動するサイクルの中で、企業買収後の資源価格低迷という大きなリスクや、資源開発にともなう環境問題に直面することもあった。

　第2章では、鉱山の専門家ではない資本家が南アフリカや北米や南米の資源開発に大きく貢献したことを述べた。差別と迫害を受けたユダヤ人の中には、質屋・両替商などで成功をとげた財閥のロスチャイルド家もいた。世界に離散したユダヤ人は独自の情報ネットワークをもっていた。代々続く家族の固い絆で南アフリカ・米国・チリの資源開発につくした、アーネスト・オッペンハイマーとダニエル・グッゲンハイムの2人は、潤沢な財源の活用と情報により成功した巨人である。

　第3章では、英国の銅産業よりも古い、日本の別子鉱山の歴史と住友グループの繁栄について述べた。別子鉱山（1691～1973年）は283年間の歴史において住友金属鉱山単独で操業した、世界でもめずらしい例であり、その銅生産量の合計は約70万ｔにおよぶ。英国の銅産業の歴史（1770～1919年）を通じても総生産量は98万ｔであることを考えれば、別子鉱山単独の生産規模は当時の世界規模であった。別子鉱山の283年におよぶ歩みと住友の繁栄について鉱業が果たした役割を紹介した。

　第4章では、資源メジャーのアニュアルレポート（年次報告）のデータにもとづき、さまざまな分析を試みた。資源メジャーが直面する課題や現状分析とともに、過去の資源確保戦略を明らかにし、資源確保を探鉱活動・プロジェクト買収・企業買収の3つに分類して、その定量的な比率やコスト分析を試みた。1990年代（1992～2001年）と2000年代（2001～2010年）の各10年間における変化も抽出した。

　最後に、2011年以降の資源価格の下落傾向における資源メジャーの成長戦略を、既存鉱山・拡張計画・新規鉱山開発の動向や、2013年に就任した新たなCEOの発言からまとめた。

　我が国では、世界に資源を依存しているわりに、資源メジャーに関する

図書はきわめて少ない。そのため、歴史的な誕生から発展にいたる過程のみならず、データの分析から資源メジャーの戦略について紹介する意図で、本書を執筆した。資源メジャーに関する入門書や啓蒙書としてだけでなく、かなり専門的な内容まで網羅したつもりである。鉱物資源の中でも市場規模が大きい銅資源を中心に、過去から現在までの歴史的叙事詩にとどまらず、資源経済学の観点から、データを分析し、資源確保戦略を明らかにした。海外資源に大きく依存する我が国の資源確保について、理解を深めていただく一助となれば幸いである。

　第1章から第3章については、㈳エネルギー・資源学会会誌『エネルギー・資源』の「歴史の散歩道」（2014年35巻4号、2015年36巻2号、2015年36巻5号）に投稿したものに加筆した。第4章については、㈳日本メタル経済研究所のテーマレポート（2013年 No.196）に投稿したものに新たなデータを追加して加筆・修正を行った。

　本書作成にあたり、先達の優れた文献を参考にさせていただいた。巻末に列挙した文献の著者の皆様に感謝いたします。特に、㈳日本メタル経済研究所の主任研究員として長年ご活躍された小林浩氏の先導的な資源メジャーの研究、住友金属鉱山で探査技師としてご活躍された故内田欽介氏の別子鉱山に関する情報は大変参考になった。また、情報収集にあたり、㈱石油天然ガス・金属鉱物資源機構の中島信久氏のご支援をいただいた。

　本書の出版にあたり、築地書館の土井二郎社長と編集部の橋本ひとみ氏には大変お世話になりました。心よりお礼申し上げます。

2015年10月

澤田 賢治

目　次

まえがき

第1章　英国銅産業と資源メジャーの誕生から発展……9

英国の時代的背景……10

英国銅産業の推移……11

マーチャント・バンカーの誕生と役割……14

リオ・ティントの誕生と発展……15

BHPビリトンの誕生と発展……20

> BHPとBroken Hill鉱山……21

> 鉄・石油・銅事業への進出……23

> ビリトンの歴史……27

> BHPビリトンの誕生……28

リオ・ティントとBHPビリトンの関係……30

資源メジャーの成長戦略とリスク……32

第2章　資源開発に貢献したユダヤ人……39

資本家としてのユダヤ人……40

欧州を取り巻く歴史的背景……41

アーネスト・オッペンハイマー（1880～1957年）……43

ダニエル・グッゲンハイム（1856～1930年）……46

ユダヤ人による資源メジャーの現状……49

第3章 鉱業による財閥の形成……51

財閥の歴史……52

別子鉱山と住友の繁栄……54

江戸時代（1691～1867年）における生産状況……55

明治維新から第二次世界大戦（1868～1945年）……57

第二次世界大戦後から閉山（1946～1973年）……60

住友金属鉱山の現状……61

第4章 資源メジャーの成長戦略と資源確保……63

資源メジャーが直面する課題……63

資源メジャーの現状分析……65

資源メジャーの市場規模……65

資源メジャーの戦略……70

資源メジャーによる主要鉱物生産……72

資源を取り巻く環境の変化……76

資源メジャーのコア事業……80

資源メジャーにおける資産の地理的分布……85

資源メジャーの保有資産……87

主要資源メジャーにおける過去の資源確保戦略……92

2000年代の銅資源確保戦略（2001～2010年）……92

1990年代の銅資源確保戦略（1992～2001年）……102

銅資源確保の変化（1990年代 vs 2000年代）……109

各コストの比較……111

資源メジャーの成長戦略……117

資源メジャーの既存鉱山・拡張計画・新規鉱山開発の動向……117

新たに就任した CEO 発言からの戦略分析……128

今後の展開……132

和英表記対照表……136

主要参考文献……142

索引……147

海外の鉱山……151

第1章 英国銅産業と資源メジャーの誕生から発展

　地質学や鉱床学の発祥の地とも言える英国は、銅産業においても重要な役割を果たした。銅は人類の歴史の中で最初に利用された金属であり、紀元前5000年頃までに利用されたことが報告されている。本格的に生産を始めたのは、18世紀半ばに産業革命が成功し、銅消費が増大した英国であった。19世紀半ばには、英国は世界最大の銅生産国となり、その大半はイングランド地域南西端のコーンウォール州で生産された。

　19世紀後半になると英国の銅産業は衰退したが、コーンウォール州を中心として銅量80万tを生産した鉱山労働者の多くは、国外に鉱業活動の場を求めて旅立っていった。英国は産業革命の達成により、鉱業の中心から金融業のセンターにシフトしていった。大英帝国の繁栄とともに、マーチャント・バンカーと呼ばれる英国資本の下、鉱業技術はアフリカ・豪州・カナダに向けられていった。現在でも世界を代表する資源メジャー、リオ・ティントやBHPビリトンは英国籍の多国籍企業として知られる。

　本章では、英国銅産業の歴史と、スペインのRio Tinto鉱山や豪州のBroken Hill鉱山からスタートしてグローバル化と事業の多角化に成功した英国籍資源メジャーの成長戦略の歴史を繙いていきたい。多くの優れた文献を参考に、試練に直面しながらも、世界の優れた技術者や経営者を発掘して登用していったことや、企業のトップである会長や最高経営責任者（CEO：Chief Executive Officer）による大胆な経営戦略や事業拡大について、できるだけ掘り起こし、資源メジャーの成長と発展の叙事詩を描くつもりである。

英国の時代的背景

　世界の経済発展や人口増加にともない、世界の銅生産量も飛躍的に拡大している。2014年現在、世界の銅鉱山生産は含有銅量で1850万 t に達しており、チリ（世界生産の31%）・中国（9%）・米国（7%）・ペルー（7%）が主要生産国となっている。世界非鉄金属生産の推移をまとめたデータによると、1850年における世界の銅鉱山生産は、わずか5万3100 t であった。主要生産国は、英国（23%）・チリ（22%）・豪州（9%）であった。英国は1770〜1856年の長きにわたり世界最大の銅生産国であり、世界生産の24〜67%を占めていた。ただ、その生産量は、2万5000〜3万 t 程度であった。英国の銅鉱山生産の大半はイングランド地域南西端のコーンウォール州で行われた。銅鉱石は、コーンウォールや石炭の産地に近いサウス・ウェールズ州（Swansea、Neath、Bristol）に運ばれて製錬が行われた。特に、スウォンジーは良港に恵まれ、最良の場所に位置していたため、英国だけでなく世界の銅製錬の中心でもあった。

　産業革命は英国で1760年代から1830年代にかけて起こったと言われている。当時の英国は、石炭・鉄鉱石・銅の資源に恵まれており、科学的知識が普及していた。さらに、政府と商人が一体となって貿易や産業振興を推進した重商主義時代からロンドンのシティには金融市場が発達していた。世界に先駆けて産業革命を達成した英国に続いて、ベルギーとフランスでは1830年代、ドイツでは1850年代に産業革命が始まり、一番遅れたのがロシアと日本で1890年代であった。

　19世紀の英国は綿工業・製鉄業を中心とした工業化により圧倒的な経済力と軍事力を有しており、英国が獲得した海外領土の中には、南アフリカ・豪州・カナダといった資源保有国が含まれていた。英国が世界覇権を誇った時期は、ヴィクトリア女王の統治期間（1837〜1901年）と重なっている。

英国銅産業の推移

　世界の銅鉱山生産は、1840年ではわずか3万7900 t にすぎなかった。1866年までは世界銅鉱山生産は10万 t 以下であり、1874年以降急速に伸び、1890年には27万7000 t に達した（図1-1）。1840～1856年は、銅生産の中心は欧州であり、とりわけ、英国は世界最大の銅生産国であった。当時、世

図1-1　英国を含む世界銅鉱山生産の推移（1840～1890年）

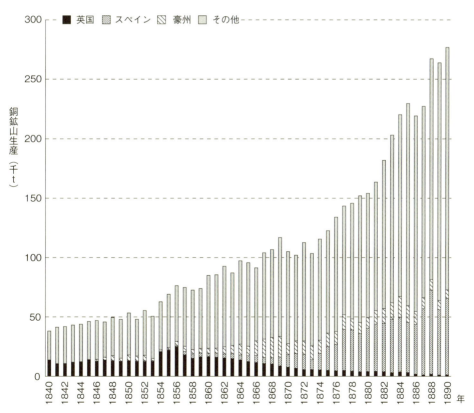

出典：World Non-Ferrous Metal Production and Prices, 1700-1976（Schmitz, 1979）にもとづき作成

図1-2 リチャード・トレビシックが発明した蒸気エンジン

出典：https://commons.wikimedia.org/wiki/File:Trevithick1803Locomotive.jpg

界生産のうち英国における銅鉱山生産は25〜35％を占めていた。特に、イングランド地域南西端のコーンウォール州とデボン州が中心地であった。この一帯の鉱山景観は、ユネスコの世界遺産に登録されており、18〜19世紀に採掘された錫や銅の坑内掘り鉱山・エンジンハウス・鋳造所・港湾などは当時の高い技術水準を記録している。

　コーンウォールの銅産業に貢献した技術に蒸気エンジンがある。スコットランド出身の蒸気機関の開発者ジェームズ・ワットとバーミンガム出身の資金提供者のマシュー・ボールトンは、1774年に"ボールトン＆ワット商会"を設立して、蒸気エンジンの開発・製造・販売を行った。蒸気エンジンの発明や開発が鉱山開発に大きく貢献した。コーンウォールの鉱山は採掘深度が深く、坑内排水が大きな課題であった。人力や馬力で行われていた排水作業に蒸気エンジンを用いることにより生産量は飛躍的に拡大した。Cornwall鉱山の発展にともない、地元技術者による新たなエンジンの開発競争も激化した。技師リチャード・トレビシックは、蒸気機関を利用して、高圧の揚水エンジンによって地下の坑内水を処理することに成功

図1-3 コーンウォールのDolcoath鉱山（1890年）

出典：https://commons.wikimedia.org/wiki/File:Tin-mining-cornwall-c1890.jpg

した（図1-2）。その結果、最盛期には600台の蒸気エンジンが坑内水処理に利用された。Dolcoath鉱山では、当時世界最深の地下1067mまで採掘が行われた（図1-3）。

　内陸にある鉱山と港を結ぶ運搬・輸送も大きな課題であった。19世紀初めまでは大量の馬が使われていた。コーンウォールと積出港ヘイルの間に鉄道が敷設されたのは1839年であり、蒸気機関車が使用された。その結果、輸送力が大きく改善された。1818年におけるコーンウォールの主要銅鉱山には、6770人の従業員が記録されている。19世紀後半には、大規模なCaradon鉱山が知られており、約4000人が雇用されていた。しかしながら、1870年以降、鉱量の枯渇や生産コストが安いスペイン・チリ・米国・豪州などの台頭により、英国の銅産業は衰退の運命にあった。その様子は少女期をコーンウォールで過ごした英国の小説家、ダフネ・デュ・モーリアの作品"Vanishing Cornwall"（消えゆくコーンウォール）（1967年）の中で描かれている。

　——偉大なる日は過ぎ去った。鉱山は閉鎖され、何百人、何千人という

鉱夫が失業していった。19世紀の終わりまでに鉱山人口の3分の1
が、その技能をもってほかの大陸へと去っていった。——

　世界の資源開発が進む中、自分たちが「いとこのジャック」（Cousin
Jacks：コーンウォールの鉱夫のニックネーム）であることを自慢する鉱
夫の存在が世界の鉱山町で多くみられたと伝えられる。1875年の上半期に、
1万人以上の鉱山労働者が海外に仕事を求めてコーンウォールを後にした
との記事も残されている。

マーチャント・バンカーの誕生と役割

　18世紀後半から19世紀にかけて、ドイツ・オランダ・デンマークなどの
諸国では、商業や貿易の活動を通じて金融・為替へと業務を拡大させてい
ったが、英国の繁栄にともない、金融や商業の中心地は欧州大陸からロン
ドンに移っていった。その歴史的な背景として、フランス革命戦争でオラ
ンダが敗戦したことによるアムステルダム銀行の破綻（1796年）、ナポレ
オンの大陸封鎖令による欧州大陸の経済支配（1806年）、ビスマルクによ
るドイツ帝国成立（1871年）などのため、有能な金融家たちが新天地を求
めて国外へ退去していったことが指摘される。

　マーチャント・バンクは英国で形成された、公債・社債・株式などの証
券取引やその他の金融を行う金融集団である。現在のマーチャント・バン
クの創設者の多くは、17世紀における欧州大陸の企業家や商人（マーチャ
ント）の末裔である。マーチャントから出発したマーチャント・バンクは、
信用と莫大な資本を背景に、商品より信用を元手に名義（ロンドン宛手
形）を貸すことにより、引受手数料（通例2％）を徴収した。手形引受業
を主体として、ロンドンは国際金融市場へと発展していった。

　このようにして、シティと呼ばれるロンドン最古の行政自治区が確立し、

過去2世紀にわたる世界中の商業と金融業の中心地が形成されていった。ドイツ出身のベアリング・ブラザーズ（1762年設立）、ロスチャイルド（1805年設立）、デンマーク出身のハンブロ（1830年設立）がその代表である。特に、ドイツのフランクフルト出身のロスチャイルドは、当初金融業が中心であったが、後に、鉄道事業のほか南アフリカの金、スペインの銅などの鉱山開発にも資本参加した。

リオ・ティントの誕生と発展

　18世紀後半、世界に先駆けて産業革命の先陣を切った英国では、工業社会が誕生し、「世界の工場」としての地位を得た。19世紀半ばの英国は、世界最大の銅生産国であり、コーンウォールを中心として高い鉱山技術が存在した。また、1877年には「ロンドン金属取引所」が設立され、世界の金属取引における中心的役割を果たした。さらに、マーチャント・バンクのような、資金調達や製品販売の能力だけでなく、政情や経済情報の分析に優れた集団が存在していた。

　政情不安や財政の窮乏から資金捻出のため王室財産の売却問題が浮上していたスペイン政府は、歴史のある Rio Tinto 鉱山（スペイン語で赤い川の意味。5000年前から採掘されており、酸化鉄による赤色が川を染めていた）（図1-4）の売却広告を1871年に欧州主要新聞に出した。4社から反応があったが、スペイン政府の見積もり価格416万ポンドを大きく下回っていた。交渉の結果、英国人のマーチャント・バンカー、ヒュー・マシソンを中心とする英国・ドイツなどの金融業者や事業家による国際コンソーシアムが、1873年に350万ポンドで買収した。ロスチャイルドも Rio Tinto 鉱山の買収に関係しており、1905年までには出資比率は30％を超えていた。

　鉱山をはじめ鉱業権・土地所有権を獲得したコンソーシアムは、1873年、ロンドンにリオ・ティント・カンパニーを登録した。リオ・ティント・カ

15

図 1-4　スペイン南西部に位置する Rio Tinto 鉱山跡

出典：Rio Tinto Mines/Mining area in Huelva province/Andalucia.com

ンパニーは海外直接投資会社としてのフリースタンディング・カンパニーであり、取締役会と秘書だけを本国に置き、鉱山のあるスペインに実質的な子会社を置いた。この買収劇は、鉄道建設にともなう土地収用権、スペイン政府が所有していた土地や建物の永代所有権も含まれており、後世に語り伝えられる最も有利な条件であった。初代会長にマシソンが就任し、Rio Tinto 鉱山から大西洋に面するウエルバ港までの84kmの鉄道建設や港湾施設の整備、坑内掘りから露天掘りへの転換、パイライト（FeS_2）鉱石や銅の近代的生産設備の導入に着手した。

　鉱山買収額を含めた開発費用は600万ポンドと見込まれ、株式上場（優先株と一般株）と毎年の売上利益で運用した。在位50年以上を誇ったヴィクトリア女王（1819～1901年）の資産額が500万ポンドであったことから、Rio Tinto 鉱山開発に要した資金額の膨大さが推定される。排他的で、当時欧州の中で最も政情が不安定なスペイン社会における鉱山経営には多くの困難があった。それでも、1876～1910年までの Rio Tinto 鉱山における年平均生産量は、パイライト鉱石が47万3000 t、銅が1万7100 tであり、

世界的な鉱山であった。生産の主眼は、パイライト鉱石であり、硫酸の原料となる硫黄が回収された。当時、英国を中心にドイツ・フランス・米国において硫酸工業は花形産業であり、チリや米国の硫酸メーカーが台頭する20世紀初期まで、パイライト鉱石が収益に貢献した。リオ・ティント・カンパニーの業績は、1897年から第一次世界大戦が勃発する1914年までの17年間、毎年ほぼ100万ポンドの純益を確保するとともに、第一次世界大戦中も銅価格の高騰により、20年間で大きな資本蓄積がなされた。

　駐米英国大使の経歴をもつ第5代会長のオークランド・ゲッデスは、当時の不安定なスペイン政情を鑑み、Rio Tinto鉱山への投資は必要最小限とし、北ローデシア（現在のザンビア）での銅事業の参入と米国での事業拡大を進めた。ゲッデス会長は資本投下の方針として、政治的に安定した地域における利権を獲得し、株主に利益を還元することをあげた。アフリカ諸国の独立は第二次世界大戦以降であり、当時欧州諸国はアフリカが政治的に混乱しているとは考えていなかった。リオ・ティント・カンパニーも、スペイン政局の不安定さに比べれば、アフリカのカッパーベルトは安定地域と判断して、投資対象とした。

　アングロ・アメリカンを設立（1917年）したアーネスト・オッペンハイマーからの要請により、リオ・ティント・カンパニーはロスチャイルドと組んでカッパーベルトへの投資を行った。1930年、リオ・ティント・カンパニーは、Bwana Mkubwaや Nchanga銅鉱山を擁するロカナ・コーポレーションの株17.6％を取得して、ゲッデスはその会長に就任した。

　1931年末時点でのリオ・ティント・カンパニーの投資総額400万ポンドのうち、その半分はアフリカのカッパーベルトへの投資であった。この投資は、Rio Tinto鉱山の赤字の補填に資するとともに、第二次世界大戦期間も含めて同社の投資収入の大きな柱となった。スペイン内戦および第二次世界大戦前後の1939～1954年、Rio Tinto鉱山からの利益は1920年代の5分の1程度の低水準になったうえ、スペイン政府により利益の外国送金が厳しく制限されたことから、鉱山機械や輸送機械の輸入許可証の取得も

17

困難となった。リオ・ティント・カンパニーの利益の大半は北ローデシアの銅鉱山への投資による配当金であった。

第二次世界大戦後のリオ・ティント・カンパニーはスペインの資産を買却し、世界に躍進した。リオ・ティント・カンパニーは1962年以降何度か社名を変更した。そのため、今後はリオ・ティントと呼ぶことにする。大きく貢献したのが、第9代会長バル・ダンカン（1951年専務取締役就任、1974年会長）と第10代会長マーク・ターナー（1948～1950年非常勤専務取締役、1975～1978年会長）であった。この2人は1940年代後半から1970年代にかけて、Rio Tinto鉱山の売却と、政治的に安定したカナダ・豪州・アフリカなどの英連邦諸国を対象にした積極的な多角経営の方針を貫いた。

両名がリオ・ティントの役員に就任後、スペイン以外での鉱山獲得の模索（1947～1952年）、カナダの資源調査を目的としたオウナミンの設立（1953年）、スペインのRio Tinto鉱山の売却（1955年）、カナダのウラン資源開発のためのリオ・アルゴムへの投資（1955年）という流れがみられた。ターナーが1949年に取締役会で提案した方針は、「リオ・ティントはアングロ・アメリカンのような幅広い分野に事業展開する鉱業金融会社（マイニングハウス）として、スペイン以外での資源調査・コンサルティング・鉱山経営・販売に資金を振り向けなければならない」というものであった。

1930年代のスペイン内戦以降、フランコ政権の干渉の高まりやRio Tinto鉱山の品位低下からRio Tinto鉱山の売却問題が浮上した。1955年、775万ポンドでスペイン系銀行団に売却し、リオ・ティントは82年におよぶRio Tinto鉱山の支配権を失った。残った資産は、リオ・ティントの新会社の株式3分の1、資産売却で得た775万ポンド、北ローデシアの銅事業権益（約2500万ポンド）であった。リオ・ティントは、これらの資産を活用することにより、以下の4つの事業を柱に世界的な資源メジャーの基礎を築くことになった。

・カナダ、豪州、ナミビアのウラン事業（リオ・アルゴム、Mary

Kathleen や Rossing の鉱山）
・南アフリカの銅事業（Palabora 鉱山）
・豪州の鉄鉱石事業（Hamerslay 鉱山、アトラス・スティール）
・米国の硼砂事業（ボラックス・ホールディングス）

　リオ・ティントのカナダ投資はダンカンによる判断であったが、その背景には、英国政府におけるウラン生産という原子力政策や軍事政策と整合していたことが指摘される。リオ・ティントは、Rio Tinto 鉱山売却後、カナダ投資によりウラン資源への多角化や英連邦を中心とした地理的グローバル化に成功した。

　1962年、リオ・ティント・カンパニーと、豪州で操業する英国の鉱山会社コンソリデーテッド・ジンクとの対等合併が成立して、リオ・ティント－ジンク・コーポレーション（1984年に RTZ コーポレーションに改名）とコンジンク・リオティント・オブ・オーストラリア（1980年に CRA に改名）が設立された。両社の会社規模や業績はほぼ互角であり、事業の操業地や対象鉱種の競合関係はなく、むしろ補完関係にあった。RTZ コーポレーションはロンドンを、CRA は豪州を拠点に鉛・亜鉛・銅・アルミニウムの事業展開を可能にした。
　リオ・ティントは1980年代に拡張路線から選択と集中路線に変更して、金属鉱物資源事業をコアビジネスとして事業を拡大し、石油・ガス・セメント・化学品事業をノンコアビジネスとして資産売却を行った。例えば、1989年には、ケネコット・ミネラルズを買収して米国における銅や石炭事業を拡大した。さらに同年、43億米ドルで BP ミネラルズを買収した。1970年代の石油危機により石油メジャーは大量のキャッシュフローをもたらし、銅産業に進出したが、1980年代の銅価格の低迷により銅事業から撤退した。ブリティッシュ・ペトロリアルの鉱物資源部門（BP ミネラルズ）の売却もこの流れであった。1996年に RTZ-CRA が設立されたが、

1997年には組織編制（地域から鉱種制へ）により、ロンドンに本店を置く Rio Tinto plc. とメルボルンに本店を置く Rio Tinto Ltd. の2本社体制となった。

　リオ・ティントの歴史から、その発展を導いた3つの特徴が指摘される。

①鉱山開発に必要な資金調達能力に優れたマーチャント・バンカーの存在が強く、リオ・ティントの発展に貢献した経営者にマーチャント・バンカー出身者（マシソン、ターナー）がおり、長きにわたりロスチャイルド財閥が会社経営に大きな発言力をもっていた。

②国際政治やカントリーリスクの情報をもつ経営者（ゲッデス、ダンカン、ミルナー、ベスボロウ）はもともと外交官、カナダ総督、国防大臣などの出身であった。

③グローバル企業として世界各地に多くの会社を所有していたが、本社機能を最小限（資金調達・人事など）とし、現地企業に多くの権限を委譲した自立体制を維持している。

BHP ビリトンの誕生と発展

　BHP ビリトンは2001年に、豪州のメルボルンに本社を置き石油・鉄鉱石・石炭・銅や亜鉛のベースメタルの事業を展開する BHP と、ロンドンに本社を置きアルミ・ニッケル事業を主とするビリトンとの合併により誕生した。ビリトンは1860年に、BHP は1885年に設立された歴史のある資源企業である。

　ビリトンは、オランダ領であったインドネシアのビリトン島での錫鉱山開発のために設立された。BHP は豪州、ニュー・サウス・ウェールズ州の Broken Hill 銀・鉛・亜鉛鉱山開発を目的として設立された。

●── BHP と Broken Hill 鉱山

　1850～1860年代における豪州ではヴィクトリア州を中心にゴールド・ラッシュにわき、一攫千金を夢見た多くの人が豪州に流れ込んだ。豪州の人口は1851年には43万人であったが、チャールズ・ラスプが初めて豪州に上陸した1869年には170万人に膨れ上がっていた。鉱山ブームの中、ニュー・サウス・ウェールズ州西端のシルバートンの近くにマウント・ギップス農場があった。1875年、英国人のジョージ・マカロックが叔父のヴィクトリア州知事からこの農場の管理を委託された。3600km²にもおよぶこの広大な農場の中に Broken Hill（背骨を損傷した低い尾根）が含まれていた。農場内には7万頭の羊が放牧され、使用人により管理されていた。

　肺の病気を患いハンブルグの化学薬品会社を退職して豪州にたどり着いたドイツ人、チャールズ・ラスプ（ドイツ軍の脱走兵であり、亡くなった友人の名をかたったとの説もある）が仲間2人とシルバートンの農場に到着したのは1883年のことである。その仲間とは、英国の炭鉱で働いた経験もあり、豪州では井戸掘りの仕事をしていたデイビッド・ジェームスと、英国コーンウォール州の錫鉱山の近くで生まれたジェームス・プールであった。

　ラスプは、ドイツの故郷ザクセンの錫鉱山を彷彿とさせる、黒い岩石が露出した Broken Hill は錫を含んでいると信じて、農場主のマカロックらを誘い調査のためのシンジケートを設立した。シンジケートには、仲間の2人も含まれていたが、彼らは地質や採掘に詳しいわけではなかった。サンプルを分析に出したところ、18.7kg/t の銀が含まれていることがわかった。1885年に資本を集めるためにブロークンヒル・プロプライエタリー・カンパニー（BHP）の名で株式を公開した。設立者の中に鉱山技師がいなかったため、2人の米国人技術者（ウィリアム・パットン、ヘルマン・シュラップ）を雇用した。シュラップは、1870年代にシルバー・ラッシュにわいたコロラド州の冶金技師であり、パットンはネバダ州の

図1-5 Broken Hill 鉱山の風景（1892年）

出典：National Library of Australia, nia pic-vn4557520-v

Comstock 銀山の管理をしていた。パットンの年俸は4000ポンドという破格の金額であった。

　当時、銀や鉛の価格は高騰しており、銀品位の高い Broken Hill 鉱山は15年間にわたり莫大な利益をもたらした（図1-5）。残念なことに、Broken Hill の鉱床は銀だけでなく、鉛や亜鉛を含む宝の山であることは当時知られていなかった。

　ブロークンヒルの図書館に勤務する古文書担当のブライアン・トンキンによると、彗星の如く誕生したBHPは、ブロークンヒルの砂漠の町に繁栄と爆発的な人口増加をもたらした。次々と発見される銀鉱床により町は拡大の一途をとげていった。この結果、今日でもブロークンヒルはシルバーシティのニックネームで呼ばれている。

　株式公開で莫大な富を築いたシンジケートの仲間は鉱山の操業には関わらず、それぞれ別の優雅な人生を歩んだ。Broken Hill 鉱山での大発見の

ニュースが広がるにつれ、運に見放された探鉱者が鉱山労働者として集まり、25kmにわたり集落が形成された。シンジケートが突如として手に入れた巨万の富と、スラム街に住む鉱山労働者とその家族の生活環境には、受け入れがたい格差があった。莫大な利益を上げていたにもかかわらず、巨額の富は鉱山所有者に配分され、地下深くから富を運んでくる鉱山労働者たちの生活環境は大変厳しかった。鉱山所有者と労働者の差別的な格差は対立姿勢を生じ、その後、鉱山労働者組合の結成や度重なる鉱山ストライキに悩まされることになった。豪州で著名な社会改革の運動家メアリー・ギルモアは、シルバートン（Broken Hill 鉱山の北西26kmに位置）で学校の教員をしていた時に、「不条理」という詩を発表している。

　20世紀になって、銀価格の低迷、採掘の深部化、硫化鉱からの銀回収などの問題を解決するため、オランダ人技師のダニエル・デルプラットを副社長として迎え、1902年に浮遊選鉱法により硫化鉱から銀・鉛・亜鉛の回収に成功した。この選鉱法の発見により、それまで捨てられていた硫化鉱の廃石であった尾鉱<ruby>尾鉱<rt>びこう</rt></ruby>からの有用金属の回収が可能となり、Broken Hill 鉱山の延命に寄与した。

　1899年に社長に昇格したデルプラットは、Broken Hill 鉱山の衰退に代わる新たなビジネスとして鉄鋼業に着目した。Broken Hill 鉱山は世界最大級の銀・鉛・亜鉛鉱山（埋蔵量2億8000万t、銀148g/t、鉛10％、亜鉛8.5％）であるが、BHPは1940年に操業を停止している。同鉱山は現在でもペリルヤ社により生産が続けられている。

● ── 鉄・石油・銅事業への進出

　デルプラットは1915年、米国人技術者の指導によりシドニー北方160kmに位置するニューカッスルに製鉄所を建設した。ニューカッスルを選定したのは、1899年に南オーストラリア州で鉄鉱石鉱床（Iron Knob、Iron Monarch）の鉱業権を取得していたこと、良質な石炭が産出していたこと、鉄道や港湾施設のインフラが整備されていたこと、製造工場が多いシドニ

ーに近接していたことなどが理由である。

1921年、デルプラットを継いで第7代社長に就任したエシングトン・ルイスは長年 Broken Hill に勤務した鉱山技師で、製鉄業への事業強化を推進した。1935年、当時豪州におけるライバル企業であったオーストラリア鉄鋼会社を買収してニュー・サウス・ウェールズ州のポート・ケンブラ製鉄所と西オーストラリア州の Yampi Sound 鉄鉱山を手中に収め、豪州における独占的地位を確立した。1940年、メンジーズ首相はルイスを第二次世界大戦に向けた軍需品調達長官に任命し、豪州における全製造業の責任者とした。BHP はこの機会を利用して国家の軍需産業の中核的役割を果たすため、南オーストラリア州のワイアラに高炉と造船所を建設した。1950年、ルイスは BHP の会長になったが、2年後、後進のコリン・サイムにその職を譲った。

戦後、日本経済の復興とともに製鉄産業のための鉄鉱石の需要が拡大していった。豪州政府は、1960年に日本向け鉄鉱石輸出を解禁したため、BHP は再び鉱山会社としての役割が大きくなった。西オーストラリア州での探鉱開発が進められ、大規模鉱床が発見されたが、特に、ピルバラ地域の Mt.Newman 鉱床は BHP の主力鉱山となった。BHP は米国の AMAX（American Metal Climax Inc.）と CSR（Colonial Sugar Refining）と協力して、世界最大の露天掘り鉄鉱山を開発した。当初、BHP の権益は30％であったが、1985年に AMAX と CSR の権益を買い取り、100％とした。

1960年代の初期、BHP は石油事業にも参入した。1960年、米国のスタンダード・オイルで働いていた石油専門家の L.G.ウィークスを顧問として採用した。従来、最古の大陸である豪州は、地質学的に石油が存在する可能性は低いと言われていた。ウィークスの顧問料は250米ドル/日であったが、石油発見にともなう報酬を求めた。1960年3月18日、ウィークスの希望で BHP の CEO、イアン・マクレナンとの直接の話し合いがもたれ、ウィークスは磁気探査（35万ポンド）と地震探査（100万ポンド）の必要

図1-6 豪州における鉱山分布

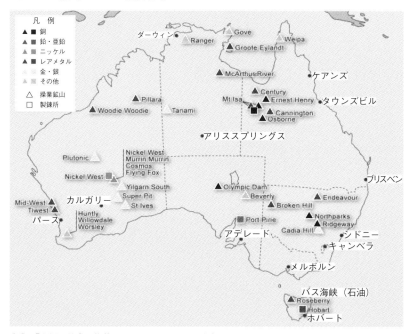

出典：「世界の鉱業の趨勢2014　オーストラリア」（（独）石油天然ガス・金属鉱物資源機構）を改変
注：Broken Hill と Olympic Dam は図中に、バス海峡は豪州とタスマニア島の間に位置する

性を訴えた。当時の利益が940万ポンドだったBHPのマクレナンは、その提案を容易に受け入れた。ウィークスは今こそ莫大な報酬を手に入れるため、さらに2.5％のロイヤリティを要求した。ウィークスは、豪州南東海岸のバス海峡地域の海底試錐を勧めた（図1-6）。輸入石油依存からの脱却をめざす豪州政府は、探査費用の50％を負担することに合意した。

新たな石油事業を成功に導くため、BHPは、1964年にスタンダード・オイル・オブ・ニュー・ジャージーの豪州子会社エッソ・スタンダードと50：50の共同企業体（JV）による石油開発に取り組んだ。1965〜1967年、バス海峡での探査の結果、ガス田や油田が次々と当たり、やがて豪州需要の70％を供給するにいたった。ロイヤリティ収入を得たウィークスは生涯

で初めての大金を手にした。最近の調査によると、バス海峡における油田の可能性を指摘していたのは豪州の著名な地質学者サミュエル・ウォレン・ケアリー教授であり、ウィークスもケアリー教授から情報を入手したとの情報がある。ケアリー教授は一銭の収入も得られなかったし、ウィークスの回顧録にもケアリー教授の名が出ることはなかった。ただ、ウィークスが慈善事業として寄付した全豪石油生産探査協会の受賞者にケアリー教授の名がある。

1979年マクレナンは、BHPの歴史において、石油・ガス事業の進出により多角化への道が開かれ、BHPが豪州で最大の企業であり続けることを可能にしたと語っている。

1973年と1979年の石油危機による石油価格の高騰により、豪州の石炭資源が注目されるようになった。BHPは鉄鉱石同様、石炭資源の開発をビジネスチャンスと捉えた。1976〜1977年、BHPは世界最大の石炭生産企業である米国のピーボデー・コールの豪州資産（クイーンズランド州のMouraとKianga炭鉱）の権益60％を確保した。1980年にはニュー・サウス・ウェールズ州のSaxonville炭鉱を開発した。

ブライアン・ロートン（1977年に社長、1985年にCEO、1992〜1997年会長）は、BHPを多国籍企業に発展させ、豪州以外の国への投資やその投資からの収益の必要性を感じていた。1984年、BHPは重要な企業買収を行っている。ゼネラル・エレクトリックから23億米ドルで買収したユタ・インターナショナルである。この買収は、豪州中心だったBHPの事業に米国・カナダ・南米への地域的な広がりをもたらすとともに、石炭・鉄鉱石のほか、銅などの鉱種への事業展開をもたらした。特に、チリのEscondida鉱山は世界最大の銅鉱山に発展しており、BHPの大きな柱となった。しかし、この買収を誰もが受け入れたわけではなかった。BHP鉱物部門の中には、米国人やユタ・インターナショナルに与えた裁量権に不満を示す者もいた。一方、買収によりBHPが自社の文化を強制しなかったことに感銘した米国人幹部もいた。

1995年12月、BHPは米国のマグマ・カッパーを32億米ドルで買収することを決定し、翌1996年、米国の銅山（San Manuel、Pinto Valley、Robinson、Superior）と製錬所（San Manuel）の権益を獲得した。その結果、1996年にはチリの国営銅公社（コルデコ）に次いで世界第２位の銅生産企業に躍り出た。この買収で重要なことは、総和以上の力を出す相乗効果であり、製錬所を備えた総合的な銅事業の展開であった。

　1999年、BHPの新会長に就任した豪州人ドン・アルゴス（2010年までの長期にわたり会長）は米国人のポール・アンダーソンをCEOに任命した。アンダーソンは最高財務責任者（CFO：Chief Financial Officer）のチャールズ・グッドイヤーとともに２年もたたないうちに収益を大きく改善した。

　2001年６月29日、BHPは補完的な関係にあったビリトンと合併し、BHPビリトンとしてスタートを切った。

◉──ビリトンの歴史

　ビリトンは、1860年、当時オランダ領であったインドネシアのビリトン島における錫鉱山開発のために設立された。リオ・ティントよりも古い歴史をもつ。1940年代にはインドネシアやスリナムでボーキサイトの開発を行っている。1970年、ビリトンはロイヤル・ダッチ・シェルに買収され、国際資源企業としての発展をとげた。1994年には南アフリカのマイニングハウス、ジェンコーにロイヤル・ダッチ・シェル傘下のビリトンが買収され南アフリカ企業となった。1997年、金とプラチナをジェンコーに残し、それ以外の鉱業関係資産をジェンコーから分離独立させてビリトンとなる。アパルトヘイトという障壁が崩壊しかけるや、ビリトンは2000年にリオ・アルゴムを買収して南米や北米の優良な銅資源を獲得している。

　ビリトンの会長ブライアン・ギルバートソンとCFOのミック・デイビスは、自社の再生に力をつくした。南アフリカ出身の物理学者であるギルバートソンは、買収による積極的な拡大路線を追求するため、1997年、ビ

リトンをロンドン株式市場に上場した。この上場によって世界の資本市場へのアクセスを可能にし、ギルバートソンは買収を進めた。その主なものに、1998年のクイーンズランド・ニッケルの買収によるニッケル事業の拡大（2億7500万米ドル）、インゲ・コールの買収による石炭事業の強化（4億8800万米ドル）、世界最大のマンガン・クロム生産企業であるサマンコールの権益60％の確保がある。さらに、ブラジルの鉄鉱石生産企業リオ・ドセ（現在のバーレ）に3億2700万米ドルを投入して2.1％の権益を確保した。

　ギルバートソンは、将来の非鉄金属産業は3〜4社の資源メジャーの手中にあるという考えで、2001年にBHPとビリトンの大合併を成功させた。この合併についてビリトンのある幹部は、「ハンターと毛皮商人」にたとえた。BHPの幹部の多くは製鉄業や製造業の出身者であるのに対し、ビリトンの幹部は長年一丸となって獲物をしとめるハンターの役割を果たしていた、という企業文化の違いがあった。

　21世紀の始まりとともに新たに誕生したBHPビリトンの会長に就任したドン・アルゴスは、自社のことを"The Big Fella（大きな野郎）"と呼んだ。豪州を舞台としたBHPと南アフリカを中心に活動したビリトンに対する配慮から"The Big Australian"と呼ぶことを避け、世界へのさらなる飛躍をめざしたと言われている。新会社は金属鉱物およびエネルギー資源分野における、強力な資源開発企業になりうると判断された。

　この企業合併の理由として、ビリトンの会長であるギルバートソンは、①単一鉱種を取り扱う企業は景気サイクルに影響され不安定であること、②大型プロジェクトへの投資や複雑な環境問題に対応が可能なこと、③大型投資家は資産価値100億米ドル以上の大型株を投資対象としていること、の3点を指摘している。

● ── BHPビリトンの誕生

　2001年6月29日、正式にBHPビリトンとしてのスタートを切った。こ

の合併では、2本社体制（DLC：Dual Listed Companies）として、統合的な経営を行う本社をメルボルンに置き、その下に、BHP Billiton Ltd.（豪）とBHP Billiton plc.（英）を配置する2社体制の企業組織とするもので、それぞれ、これまでどおり豪メルボルンと英ロンドンを主要市場として上場し経営を行っている。

　合併にあたり、ビリトンのギルバートソンのように優れた力強いリーダーと豪州企業の利益を優先するBHP役員会の対立が激化したことが予想される。BHPビリトンの新たな役員として、会長にドン・アルゴス（BHP出身）、社長にブライアン・ギルバートソン（ビリトン出身）が就任した。ところが、ギルバートソン社長は、任期6カ月にして突然辞任することが2002年1月4日の同社の役員会で決定され、業界関係者に衝撃を与えた。ギルバートソンが社長に就任した直後、BHPビリトンとリオ・ティントの合併をめぐって、リオ・ティントと接触したことがあった。しかし、このことを知らされていなかったアルゴスの逆鱗に触れたのが原因との噂もある。退任したギルバートソンはその後、ロシア第2位のアルミ会社SUAL（Siberian-Urals Aluminium Company）に招かれ、ロシア第1位のアルミ会社のルサールとの合併を実現させ、2006年当時世界最大のアルミ会社（UCルサール）を誕生させている。また、BHPとビリトンの合併の犠牲となったビリトンのCFO、ミック・デイビスは、スイス系資源商社のエクストラータにCEOとして迎えられ、矢継ぎ早に企業買収を進め、エクストラータを一躍世界的な資源企業としている。

　ギルバートソンが去った後、アルゴス会長はただちにBHPのCFOとして腕をふるった44歳のチャールズ・グッドイヤーを新社長に指名した。豪証券市場（ASX）への報告では、ギルバートソンの辞任の理由については現経営陣との意見の対立によるものとされており、グッドイヤー新社長は同社の戦略に変更はないことを明らかにしている。新聞の論調によると、ギルバートソンはリスクテイクによる積極的経営拡大をモットーとしており、同社の今後の戦略として、リオ・ティント、WMCリソーシズ、

MIM社、ウッドサイド・ペトロリアムなどとの積極的なM&Aをさらに進める提案をしていた。しかし、このような急進的な戦略は、保守的かつ官僚的な旧BHP派の経営陣にはとうてい受け入れがたいものであり、意見の対立が表面化したという。これに対してグッドイヤー新社長は現状を維持し、コスト削減に努める安定経営をめざした。この状況から同社の経営は、旧BHP派の重鎮アルゴス会長を始めとする旧BHP派が大きな影響力をもっていたと推定される。

2005年6月、BHPビリトンは豪州のWMCリソーシズを、エクストラータとの買収合戦の末に73億米ドルで買収することに成功した。WMCリソーシズはニッケル・銅・ウラン資源を保有しており、とりわけOlympic Damは銅・金・ウランの世界的鉱山であり、BHPビリトンにとって大きな成果であった。エクストラータはCEOのデイビスの下、65億米ドルで買収を提案しており、もしBHPビリトンが買収提案をしなければエクストラータの提示金額で買収したはずであるとデイビスは敗戦後に語った。BHPビリトンのグッドイヤーは、当社の時価総額の10%を下回っており、非常に良好な案件であると述べている。

リオ・ティントとBHPビリトンの関係

世界最大の鉱山会社BHPビリトン（本社メルボルン／ロンドン）が、リオ・ティント（本社メルボルン／ロンドン）に対して総額1400億米ドルにおよぶ買収提案を行ったのは2007年11月8日のことであった。BHPビリトンの株式3株に対してリオ・ティントの株式1株を交換するというものであったが、リオ・ティントの役員は条件が低すぎるとして、全会一致でただちにこの提案を拒否した。リオ・ティントによると、鉄鉱石とアルミの生産見通しは明るく、2015年までの成長率を、リオ・ティントで8.6％であるのに対し、BHPビリトンでは3.9％と評価していた。

しかし、世界最大と世界第３位の鉱山会社の合併は、非鉄金属だけではなく、鉄鉱石・石炭・ウランと資源産業で圧倒的な影響力をもつ超巨大鉱山会社の誕生を意味する。BHPビリトンとリオ・ティントの合併が成功すると、株式時価総額3500億米ドル以上、売上は546億米ドル（2006年の両社の実績から推定）に達し、リオ・ドセ（ブラジル資本）の280億米ドル、アングロ・アメリカン（南アフリカ系）の38億米ドルなど、ほかの非鉄メジャーを大きく上回る従業員数10万人以上の超巨大鉱山会社が誕生することになる。

　BHPビリトンがこの買収提案を行った要因として、中国やインドなどの需要増加によって高騰する金属価格をしっかりと捉え、利益を上げること、相乗効果によりコスト削減が可能となること（西オーストラリア州ピルバラ地区の鉄鉱山に関わる鉄道や港湾の利用・整備、ニュー・サウス・ウェールズ州ハンター・バレー地区の石炭、クイーンズランド州とカナダのダイヤモンド、米国の銅などでは地域が隣接している）があげられていた。BHPビリトンの買収提案による効果は、次の通りであった。
　　・大規模開発に向けた経営体制、資金調達力の強化
　　・新興国の台頭にともなう金属価格の高騰による利益確保
　　・本社機能の統合・合理化、鉄道・港湾施設の共同利用による経費削減
　　・操業の合理化と市場独占
　反面、需要国側からみれば、合併によって寡占化の進行が加速して、安定供給に懸念が生じるというマイナス面が指摘された。特に、銅、鉄鉱石、原料炭（鉄鋼原料用）、一般炭（燃料用）などの買鉱条件交渉で製錬企業や鉄鋼企業が不利となることが予想された。BHPビリトンのCEO、マリウス・クロッパーは豪地元紙に、リオ・ティントとの間で1160億豪ドルに達する西オーストラリア州ピルバラ地区の鉄鉱石生産統合事業について、2009年末までに拘束力のある合意事項を締結、その後両社が協力して、必要となる各国公正取引委員会の承認取得のための準備に入ると述べた。
　2007年11月８日、BHPビリトンによって発表された総額1400億米ドル

31

におよぶ買収提案は、2008年における世界同時不況の影響もあり、発表からほぼ1年後の2008年11月25日、欧州連合の反対と、リーマンショックという世界の金融危機の真っ只中、クロッパー自らが買収断念を発表する結果となった。

しかしながら、この間の駆け引きは当事者のみならず、買鉱側企業、また各国の公正取引当局を巻き込んだ事態に進展し、鉱物資源業界においてこれほど注目された買収劇はかつてなかった。特に、資源をもつ側（国）と、もたざる側（国）との立場がクローズアップされた。結論から言えば、資源を有する立場、言い換えればBHPビリトンとリオ・ティントが生産拠点とし資源供給側にある豪・米・カナダ・南アフリカなどの公正取引当局は買収に対して承認の態度を、一方、需要国の日本・中国・韓国・EUなどの各国政府は巨大資源企業の誕生に懸念を示した。

資源メジャーの成長戦略とリスク

リオ・ティントとBHPビリトンのたどった歴史をみると、英国銅産業時代の技術、英国におけるマーチャント・バンカーの誕生、大英帝国の成立によるグローバル化、情報の集約による適切な人材の確保、情報にもとづく企業合併の戦略が資源メジャーの成立をもたらしたと言える。1980～2013年の売上高の推移をみると、リオ・ティントもBHPビリトンも2000年以降に急激に増加している（図1-7）。インフレ／デフレを考慮しない市場価格で表示された名目価格の米ドルによる売上高は、2000～2011年の間、リオ・ティントが99億7000万米ドルから605億3000万米ドルに、BHPビリトンは190億8000万米ドルから722億3000万米ドルに拡大している。

リオ・ティントのボブ・ウィルソンはCEOとして輝かしい業績を上げており、1985年にEscondida鉱山の権益30％を取得、1989年には43億2000万米ドルを投じてBPミネラルズを買収した。1995年にはフリーポート・

図1-7 リオ・ティントとBHPビリトンの売上高（1980～2013年）

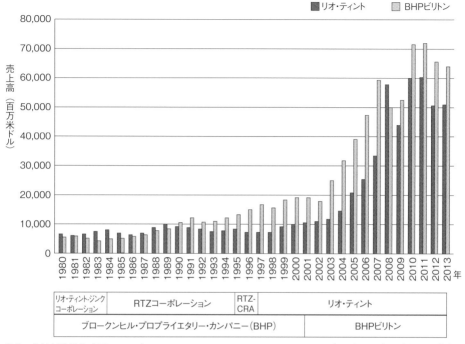

出典：各社年次報告（2001～2014）、Financial Times International year books（1979～2000）にもとづき作成
注：図の下部は、リオ・ティントとBHPビリトンが合併を通じて社名が変更したことを示す

マクモランとJVを形成して、インドネシアのGrasberg鉱山拡張による増産分40％を取得した。

　BHPは、1984年にユタ・インターナショナルの買収により、チリのEscondida鉱山を取得し、1996年にはマグマ・カッパーを買収して米国とペルーにおける銅資源を確保、2001年にはBHPとビリトンの合併によりビリトンが保有していたチリのCerro Colorado、Spence、ペルーのAntamina、アルゼンチンのAlumbrera、カナダのHighland Valleyの鉱山を取得した（図1-8）。

　BHPの幹部は、過去の歴史の中で、Broken Hill鉱山の発見、製鉄業へ

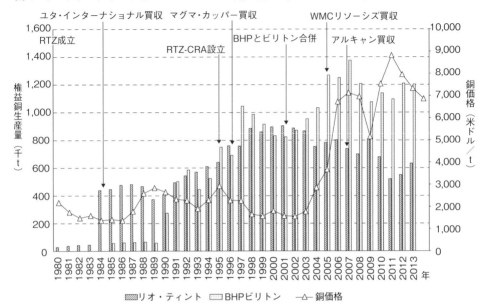

図1-8 リオ・ティントとBHPビリトンの銅生産量(1980〜2013年)

出典:各社年次報告(2001〜2014)、Financial Times International year books(1979〜2000)にもとづき作成

の進出、石油・天然ガス事業への進出で豪州最大の企業に成長したことを認めている。しかし、1984年のユタ・インターナショナルの買収こそが大きな変換点と考えており、資源事業の多角化に大きく貢献したと考えている幹部もいる。BHPビリトンの礎となったBroken Hill鉱山は1939年に操業を停止し(その後、ペリルヤ社やCBHリソーシズにより操業)、鉄鋼事業も世界生産の1%にすぎなかったが、鉄鉱石・石炭・銅・アルミなどの資源事業への進出を可能にしたのが企業買収であった。

ただ、変動する資源価格の波によっては、リスクの高い買収となった例もあった。1996年、BHPは24億米ドルを投じてマグマ・カッパーを買収した。1995年に2932米ドル/tであった銅価格は、1997〜1998年のアジア各国の急激な通貨下落によるアジア経済危機で、1997年に2275米ドル/t、

1999年には1573米ドル／tに下落した。

　買収当初、銅価格は比較的高水準にあり、さらに上昇すると期待されていた。しかしながら、BHPがマグマ・カッパーを買収した直後、住友商事のトレーダーがニューヨークマーカンタイル取引所（NYMEX）で第三者を通じて行っていた銅取引が発覚し、米国商品先物取引委員会と英国証券投資委員会から住友商事に対し価格操作の疑いで調査協力要請があった。マグマ・カッパー買収のわずか2週間後の1996年6月、住友商事は26億米ドルの損失を発表した。この事件の発覚で、銅価格は10％低下した。これと時期を同じくして、1997年にアジア通貨危機が生じた。

　その後の銅価格低迷のため、この買収はBHP史上最大の失敗となった。拡大路線の銅事業はチリのEscondida鉱山を除いて、1998〜1999年にはBHPの創業以来の損失を計上することになった。マグマ・カッパーの損失だけでも25億米ドルに達した。1998年、CEOのジョン・プレスコットと会長のジェリー・エリスは業績悪化の責任をとって辞任した。

　2007年、リオ・ティントは381億米ドルでカナダのアルミ企業、アルキャンを買収した。この年は、BHPビリトンによるリオ・ティント買収提案が水面下で行われた時期であった。鉱物資源価格の高騰をもたらした需要拡大と2008年9月以降のその急降下は、ラッキー・カントリーと評されてきた豪州の資源産業にも暗い影を落とした。BHPビリトンによる買収から逃れたはずのリオ・ティントの株価は大きく下がり、アルキャン買収にともなう借入金が重荷となり、2009年中に全負債額の4分の1にあたる100億米ドルの債務削減を迫られたため、全従業員の14％に相当する1万4000人の雇用削減を行った。

　2009年12月、リオ・ティントとBHPビリトンは西オーストラリア州ピルバラにおける鉄鉱石生産のJV事業に合意して合弁会社を設立した。この事業統合により、100億米ドルのコスト削減が見込まれた。

　2013年4月18日におけるリオ・ティントの定例株主総会において、ヤ

ン・デュ・プレシス会長はカナダのアルキャンの買収について言及した。2007年のアルキャンの買収時期は、市場価格が高騰していたこと、アルミ産業界の構造変化の時期であり、買収後のアルミ価格の下落により株主に損失を与えたことを指摘している。リオ・ティントはアルミ資産で110億米ドル減損しているが、アルキャン買収がその要因であり、2013年1月21日にCEOのトム・アルバネーゼが退任している。

　タイミングの悪い投資として、BHPビリトンによる米国の石油・天然ガス大手企業の買収も指摘されよう。2011年、BHPビリトンはペトロホーク・エネルギーを121億米ドルで買収したが、買収後シェールガス価格は半分に下落した。その結果、2012年度決算において、シェールガス資産総額28億4000万米ドルと豪州のニッケル資産評価損4億5000万米ドルを計上している。CEOのクロッパーは2012年度のボーナスを辞退した。

　また、海外における資源開発にはカントリーリスクがともなう。リオ・ティントはスペインで、Rio Tinto鉱山の再開発を目的に1873年からスタートした。19世紀以降のスペインは、政情が不安定であった。1936年7月から1939年4月までの2年9カ月におよぶスペイン内戦が続き、共和国政府を倒したフランコに率いられた反乱軍側の勝利に終わった。フランコは独裁政権を樹立し、ファシスト体制への道を歩んだ。フランコ政権下におけるリオ・ティントは厳しい管理体制の下に置かれ、従業員の給与・銅価格の設定・外国為替・利益の外国送金は制約を受け、鉱山機械や輸送機械の輸入許可を取るのも容易ではなかった。スペイン内戦およびその後の第二次世界大戦後の1954年まで、リオ・ティントの幹部は政府対策や交渉の業務に忙殺された。さらに、Rio Tinto鉱山のスペイン政府による接収も危惧され、1955年にスペインにおける権益を処分して、生き残りをかけて海外への投資を進めた。

　BHPは株式市場において数度にわたり危機を経験している。1980年代、豪州最大財閥ホームズ・ア・コートの当主ロバート・ホームズ・ア・コー

トは、株価の低いBHPにオプション取引を繰り返し行い、その利益で株式を買うことで、再三にわたって乗っ取りを仕掛けたことがある。BHPは乗っ取りの防御策として、事業収益性を上げ、活気ある組織をめざすとともに、株主や取引銀行を味方につけることに成功した。1985年、BHPのCEOに就任したブライアン・ロートンによる功績と言われている。1987年10月、豪州に金融危機が起き、株式市場暴落の中、企業買収を目論む者は吹き飛ばされた。この買収事件をきっかけに、社内に企業買収に対する監視チームが設立された。

　BHPは1980年にパプアニューギニア政府からOk Tedi銅・金鉱山開発の承認を受けた。しかし、長期間にわたる尾鉱の河川投棄問題のため閉山計画をしたが、Ok Tedi鉱山がパプアニューギニア経済に大きく貢献している（GDP：国内総生産の10％を占める）ことから同国政府の反対にあい、2002年、BHPは権益の52％を無償譲渡して撤退した。Ok Tedi鉱山がBHPから権益を移譲され、「PNG持続可能な発展プログラム社」が新設された。BHPは1990年代の鉱山操業による環境被害に対する免責と引き換えに、鉱山の権益を移譲したが、将来的に環境被害に対する訴訟の可能性もある。地球温暖化や環境問題に対する意識が高まる中、「持続可能性」はBHPビリトン社内でも重要な要素と考えられ、Ok Tedi鉱山の教訓にもとづき、企業イメージのためにも環境重視の取り組みが推進された。

第2章 資源開発に貢献したユダヤ人

　資源開発には巨額な資金が必要である。英国籍資源メジャーの誕生・発展の歴史から、資本家や鉱山経営者と採鉱・選鉱・製錬の技術者は必ずしも一致しないことは明らかである。鉱山開発は、資金調達の資本家、経営方針や経営戦略に優れた経営者、生産活動を支える鉱山技術者や労働者から構成されている。鉱山技術者や科学技術者は、利益追求のための手段として資本家に雇用されることもあった。そして、この鉱山業に始まる資本家―経営者―技術者・労働者という階級の登場とともに、科学技術の発展がみられた。

　中世における欧州では、金融や植民地貿易に従事する金貸し業者が力をつけ、活動の拠点を世界貿易の中心であったオランダや英国に求めた。大英帝国の繁栄とともに、金貸し業から国際金融資本としての基礎を築き、鉱業の発展に大きく寄与することになった。

　中世の後半、公職追放などによる差別と迫害を受けたユダヤ人は、質屋・両替商・古物商・行商などで生計を立てた。18世紀後半、フランクフルトのユダヤ人隔離居住区出身で、銀行業で成功したロスチャイルドは、世界の鉱山開発に貢献した。世界的に離散したユダヤ人は独自の情報ネットワークをもっていた。第2章では、南アフリカ・米国・チリの資源開発につくしたドイツ系ユダヤ人（アシュケナージ）、アーネスト・オッペンハイマーとダニエル・グッゲンハイムの2人の巨人が活躍した足跡や、今日における資源産業への影響をたどってみたい。

資本家としてのユダヤ人

　ユダヤ人は、金融・文学・音楽・芸術・学術など多くの分野で傑出した人材を輩出している。例えば、世界の金融を牛耳るユダヤ財閥のロスチャイルド、文学界で輝くサルトル、ハイネ、カフカ、トーマスマン、カミュ、音楽ではメンデルスゾーン、ガーシュイン、マーラー、芸術の分野ではシャガール、モディリアニ、ピサロ、学術関係ではマルクス、フロイト、アインシュタインなど枚挙にいとまがない。

　一方、資源開発の分野では多大な資本を必要としたため、ユダヤ人の金融資本家の強力な支援が成功裡に深く結びついた。現在でもユダヤ国際金融資本は存在し、最大の拠点がロンドンのシティにある金融街である。シティは大英帝国経済の心臓部として発展をとげた、通商と金融のコミュニティの象徴と言われている。シティの中心に世界最大のユダヤ財閥ロスチャイルドの拠点がある。

　ロスチャイルド家は、フランクフルトのユダヤ人隔離居住区で1744年に生まれたマイアー・アムシェル・ロートシルトが銀行家として成功したことに始まる。ロートシルト（英語読みでロスチャイルド）の５人の息子は、フランクフルト・ウィーン・ロンドン・ナポリ・パリの５カ所に分かれて銀行業を拡大させた。ロートシルトは一族の団結を重要視しており、遺言として、ロスチャイルド銀行の重役は一族で占めること、事業参加は男子相続人のみとすること、宗家も分家も原則として長男が継ぐこと、婚姻は一族内で行うこと、事業内容の秘密は厳守することが残されている。非鉄金属を中心とする資源部門への進出がめざましく、ロスチャイルドは19世紀末には「世界最大の財閥」に成長した。

　1806年、ナポレオンが大陸封鎖令を出して敵国の英国との貿易を禁じたが、大陸諸国では英国やその植民地に依存していたコーヒー・砂糖・煙草・綿製品などの価格が高騰することになった。逆に、英国ではこれらの

商品の価格が暴落した。そこでロスチャイルド一族は英国でこれらの商品を安く買って大陸へ密輸し、それを大陸内のロスチャイルド一族が独自のルートで販売した。これによってロスチャイルド一族は莫大な利益をあげた。ロスチャイルドは米国にも進出して、代理人がリーマン・ブラザーズ（1850年設立）、ゴールドマン・サックス（1869年設立）、ソロモン・ブラザーズ（1910年設立）などの投資銀行を設立した。

　ロスチャイルドは金融界だけにとどまらず、石油のロイヤル・ダッチ・シェル、ダイヤモンドのデビアスなどの産業にも進出した。アーネスト・オッペンハイマーは、ロスチャイルドと深く関係のあるユダヤ人で、南アフリカでダイヤモンド事業を起こすとともにアングロ・アメリカンを設立して金事業や銅事業を展開した。ダニエル・グッゲンハイムも、ユダヤ系ドイツ人であり、米国に渡り、米国やチリにおける鉱山の経営や製錬事業で大成功を収めた。その後、グッゲンハイム美術館に代表される近代美術への慈善活動を行った。第一次世界大戦後、世界各地にもっていた鉱山の利権を売却している。

欧州を取り巻く歴史的背景

　銅産業が飛躍的に発展したのは英国における産業革命（1760年代〜1830年代）の時期であり、大英帝国の政治や経済的支配力、資本や資金調達が容易な環境、技術力や労働力の恩恵に支えられた。英国は1750〜1850年の1世紀にわたり世界第1位の銅生産国として知られており、1850年の銅鉱山生産量は1万2400 t と、世界銅鉱山生産の23％を占めていた。18世紀に本格的に始まった英国南西部にあるコーンウォール州の銅産業が、英国内生産の大部分を占め、蒸気エンジンの開発が銅鉱山や炭鉱の坑内排水に大きく貢献した。

　伝導性に優れた銅は、電力の発電モーターや電線の普及で、消費量は急

41

図 2-1 世界の銅鉱山生産（1850〜1950 年）

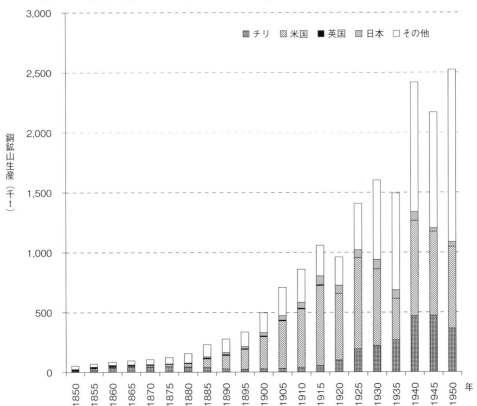

出典：World Non-Ferrous Metal Production and Prices, 1700 -1976（Schmitz, 1979)、『日本産銅業史』（武田、1987）にもとづき作成

激に拡大していった。消費量の拡大にともない、世界の銅鉱山生産量も1850年の5万3100 t から1900年には50万 t 、1915年には105万7000 t 、1950年には252万4000 t へと指数関数的に増大した（図2-1）。銅消費量の拡大によって、19世紀前半まで世界最大の銅生産国だった英国は、1857年にチリにトップの座を譲り、1883年には米国が世界最大の銅生産国となった。ちなみに日本は、1884〜1936年、世界銅鉱山生産の4〜10％を占める主要な銅生産国であった。

　一方、ユダヤ人の置かれた立場も大きく変化していった。キリスト教が支配した欧州では、ユダヤ人はイエス・キリストを殺害した異教徒として、差別と虐待を受けていた。職業もキリスト教徒には禁じられていた金融業・質屋・行商・古物商などに制限されていた。中世はローマ教会中心主義であったが、17世紀以降には経済的利益が宗教に優先されるようになり、ユダヤ人に活躍の場が生まれるようになった。18世紀以降になると、啓蒙思想やフランス革命により、自由・平等・友愛の近代市民主義がその後の市民社会や民主主義の土台となり、ユダヤ人の解放というかたちで実現された。西欧諸国でユダヤ人が解放されたのは、ナポレオン戦争後のフランスが先行し、1870年頃までに英国・ロシア・イタリア・ドイツが続いた。しかしながら、19世紀後半から20世紀前半にかけて、ユダヤ教徒はゲットーと呼ばれる地域に強制的に居住させられたり、ロシア帝国による弾圧（ポグロム）、ドイツのナチス政権による弾圧（ホロコースト）などが行われたことから、それらを逃れて新天地を求めて集団移住している。

アーネスト・オッペンハイマー（1880〜1957年）

　ドイツ、ヘッセン州のフリートベルグで9人兄妹の5男として誕生した。父は煙草商を営むユダヤ人であり、ユダヤ人迫害により東欧からドイツに移住したと言われている。アーネスト（図2-2）は地元の中学を卒業し、

図2-2
アーネスト・オッペンハイマー
出典：Our History-De Beers Group
www.debeersgroup.com/en/our-story/our-history.html

1896年にロンドンに渡り、2人の兄バーナードとルイスが働くダイヤモンド商会（デュンケルスビューラー）に就職した。当時のロンドンは金融や貿易の中心地であり、南アフリカで1868年に発見されたキンバリーのダイヤモンドと、1886年に発見されたトランスバールにあるウィットウォーターズランドの金により活況を呈していた（図2-3）。

　アーネストはダイヤモンド取引の知識を習得し、やがてロンドンでも有数のダイヤモンド鑑識家として知られるようになり、1901年に英国国籍を取得した。アーネストはロンドンでの6年間の経験を経て、1902年、22歳の時に南アフリカのデュンケルスビューラー商会のキンバリー事務所の代表職に就くことになった。当時のダイヤモンド業界は、英国人セシル・ローズが1888年に設立したデビアス・コンソリデーテッド・マインズが世界ダイヤモンド生産の90％を支配していた。しかし、ローズの死後、南アフリカのトランスバール、ドイツ領南西アフリカ（現ナミビア）、ベルギー領コンゴのダイヤモンド鉱床の発見により、デビアスの独占体制を揺るがすようになっていた。当時若かったアーネストは、政界に進出して名をあげることにし、キンバリー市議会議員を経て32歳の若さでキンバリー市長に就任した。

　1914年に第一次世界大戦が勃発し、南アフリカも大英帝国の一員として、英仏およびロシアの連合国側について参戦した。当時、ダイヤモンドや金産業を牛耳っていたドイツ系ユダヤ人の多くは敵国人と見なされた。身の

図 2-3　南アフリカの鉱床分布（2013年）

出典：「世界の鉱業の趨勢 2014　南アフリカ」（（独）石油天然ガス・金属鉱物資源機構）を改変
注：ウィットウォーターズランドの金鉱床はヨハネスブルグ周辺の盆地に賦存

　危険を感じたアーネストは、1915年にキンバリー市長を辞職して、ロンドンに避難した。第一次世界大戦がまだ終わらない1916年にアーネストはヨハネスブルグに戻り、米国人鉱山技師から情報を得て、ウィットウォーターズランドの金鉱山開発に乗り出した。
　含金礫岩層の開発には、大量の鉱石採掘や処理、坑内採掘のための立坑が必要であり、莫大な資金が不可欠であった。資金の半分は英国と南アフリカから、残りの半分は米国のユダヤ系銀行J.P.モルガンなどから調達し、1917年に鉱業金融会社（マイニングハウス）であるアングロ・アメリカンを設立した。アングロ・アメリカンの社名はユダヤ系資本家にとって親英米の印象を与え、当時としては好ましいものであった。鉱業金融会社は、管理下の鉱山や企業の経営を行うだけでなく、技術から生産物の販売までの

サービスを提供するとともに、拡張や新規開発のための資金調達を行った。

南アフリカでは、機械の動力源が蒸気から電気に変わり、ボーリング技術も格段に進歩するとともに、金産出量が増大した。1928年、アングロ・アメリカンによる金生産量は南アフリカ生産の10％弱に達した。アーネストは国政にも進出し、1924年から1938年まで南アフリカの国会議員に選出されている。1927年には、ロスチャイルドの資金的支援を受け、アーネストの念願であったデビアスの会長にも就任した。アーネストの考案したダイヤモンド生産者組合は、生産量の規制ではなく販売量の規制に重点が置かれていた。アーネストはダイヤモンド権益の確保を通じてザンビアのカッパーベルトの存在を知り、資本参加や技術援助を行うことによりアングロ・アメリカンは銅事業にも参画していった。

1957年、アーネストはヨハネスブルグの自宅で心臓発作を起こして77歳の生涯を終えた。アーネストは終生ダイヤモンドと南アフリカを愛し、セシル・ローズの後継者を夢見ていたが、ダイヤモンド以外にも金・銅などの南アフリカとローデシアの鉱物資源を開発し、アングロ・アメリカンという資源メジャーの発展に貢献した。アーネストは55歳の時にユダヤ教からキリスト教に改宗したが、ユダヤ人との強い仲間意識の中で事業を拡大した偉大なユダヤ人であった。

ダニエル・グッゲンハイム（1856〜1930年）

アーネスト・オッペンハイマーが欧州やアフリカの旧世界で活躍したのとは対照的に、ダニエル・グッゲンハイム（図2-4）は北米や南米の新世界で大きな足跡を残している。筆者はグッゲンハイムの名を聞くと、ニューヨークの美術館や、留学したコロラド・スクール・オブ・マインズのキャンパスにあったグッゲンハイム・ホールを思い出す程度であり、資源産業との結びつきは最近まで知らなかった。美術館や大学ホールは、ダニエ

図2-4　ダニエル・グッゲンハイム
出典：https://en.wikipedia.org/wiki/Daniel_Guggenheim#/media/File:Daniel_Guggenheim_1910.jpg

ル・グッゲンハイムの兄弟であるソロモンとサイモンにより建てられたものである。

　ダニエルの父マイアー・グッゲンハイムはスイス生まれのユダヤ人であるが、1847年、一族14人を引き連れて米国のフィラデルフィアに渡った。マイアーは、仕立屋と行商を始め、やがてバーバラと結婚し、ダニエルを含む10人の子ども（男7人、女3人）をもうけた。ダニエルは2人の弟マーリーとソロモンとともにスイスに派遣され、刺繍製造工場を設立し、刺繍とレースの製造および販売事業を進めた。当時、刺繍とレースは、女性の下着・テーブルクロス・枕・ドレス・肘掛椅子などで大きな需要があった。

　この事業が軌道にのった頃、1879年に、かつての食料雑貨業の仲間から、コロラド州レッドビルの銀鉱山の権益を購入するにあたり、資金援助の申し出があった。マイアーは2つの銀鉱山の権益の3分の1を5000米ドルで購入した。この鉱山では467g/tの高品位銀鉱床が新たに発見され、大きな利益をもたらした。鉱石は近くの外部製錬所に送られて地金となっていたのだが、製錬業者が鉱山業者の2倍の利益を上げていることを知り、製錬業にも参入していった。

　コロラド州のプエブロに建設された製錬所では、自社の鉱石だけでなく、メキシコから他社の鉱石を輸入して製錬した。米国内の鉱山会社は、メキ

47

シコからの鉱石輸入に反対し、1890年にマッキンリー関税法が制定されると、外国からの鉱石輸入には50%以上の輸入関税が課せられるようになった。そのため、マイアーはメキシコで1892年にMonterrey製錬所を、1894年にはAguascalientes製錬所を建設し、1900年までには刺繍事業を止めて、高収益が期待できる鉱山・製錬事業に専念するようになった。長男のアイザックが病弱なため、実質的な活動は次男のダニエルが父をついで、事業を統帥することになった。

　グッゲンハイムの名が米国でも知られるようになったのは、アサルコをめぐって争った時であった。アサルコは、1899年に全米の製錬業者が合併して設立されたトラスト形式の持ち株会社であった。グッゲンハイムはこれに参加せず、アサルコとは競争関係にあった。賃金闘争をめぐって、アサルコの全事業所で2カ月のストライキが生じ、さらにグッゲンハイムとの銀や鉛地金の価格引き下げ競争に敗れたアサルコは、経営権をグッゲンハイムに渡した。新アサルコの資本金は1億米ドルに増資され、新会長兼CEOにはダニエルが、最高財務責任者（CFO）には弟のソロモンが就任し、ほかの兄弟3人も役員に選ばれ、アサルコは完全にグッゲンハイム家の支配下におかれた。アサルコの業績が拡大する中で、ユタ州北部のBingham Canyon鉱山の大規模開発に参入するため、鉱山を所有するケネコット・ユタ・カッパーの権益25%を1903年に確保するとともに、20年間の鉱石製錬に関する委託契約も取り交わした。その後、ケネコット・ユタ・カッパーは1906年にアリゾナのMagma選鉱所とともに、グレートソルト湖の南岸に当時米国最大のGarfields銅製錬所を建設した。

　ダニエルは、アラスカ州における銅鉱山開発やチリにおける銅鉱山開発にも着手し、事業を拡大した。1916年に、アラスカ州の権益や米国（ユタ州・ネバダ州・カリフォルニア州）の権益、チリの事業を統合して、ケネコット・カッパー・コーポレーションを設立した。チリにおける巨額投資は、チリ中部のEl Teniente鉱山開発に向けられ、1907年と1915年に総計4700万米ドルを投じた。1912年にはChuquicamata鉱山を取得し、ダニエ

ルの息子ハリーが開発責任者となり総額1200万米ドルの資金を投入した。しかしながら、ダニエルはチリにおける中核事業を硝酸塩の開発とし、その資金確保のため、1923年にChuquicamata鉱山の権益の53％を7000万米ドルで、1929年には残りの権益を２億2000万米ドルでアナコンダ・カッパーに売却して、Chuquicamata鉱山から完全に撤退した。

　チリにおける銅事業からの撤退は結果的には幸運であった。資源ナショナリズムの台頭にともない、エドアルド・フレイ・モンタルバ大統領は「チリ化政策」を掲げて米国系大銅鉱山の支配権獲得を進め、Chuquicamata鉱山はEl Teniente鉱山とともに1967年に51％の権益をチリ政府が保有することになった。そして、その後の社会主義政権のサルバドール・アジェンデ大統領により、100％国有化されてしまったからである。第一次世界大戦の開戦時には、ChuquicamataやEl Teniente鉱山も含めて世界銅生産の80％を占めていたグッゲンハイム一族は“Copper Kings（銅の王）”と呼ばれていた。しかし、硝酸塩事業も、ドイツの化学会社I.G.ファルベンにより開発された方法による硝酸塩の生産により、1913〜1929年の間に世界生産シェアが58％から23％へと大きく減少していくとともに、グッゲンハイム一族が世界一の銅生産者であった事実も忘れ去られてしまった。

ユダヤ人による資源メジャーの現状

　アーネスト・オッペンハイマーにより設立されたアングロ・アメリカンは、現在でも世界の資源メジャーとして存続している。アーネストの死後、アングロ・アメリカンとデビアスは息子のハリー、さらにはハリーの息子のニコラスが引き継いでいる。ただし、1990年に冷戦が終わり、南アフリカのアパルトヘイトも終焉し、世界の政治や金融情勢の変化とともにオッペンハイマー一族にも大きな変化がみられた。ロシアやインドなどの新た

なダイヤモンド市場の台頭や米国における独占禁止法により、オッペンハイマー一族はデビアスの持ち株すべてを51億米ドルでアングロ・アメリカンに売却した。さらに、アングロ・アメリカンの抜本的改革のため、2006〜2012年の6年間、米国人女性のシンシア・キャロルをCEOとして迎えた。オッペンハイマーの一族以外からの採用は歴史上初めてのことであり、キャロルは創業の礎であった金部門からの撤退を2009年に始め、2010年には亜鉛事業の資産も売却している。現在のアングロ・アメリカンにおけるコアとなる資源ビジネスは、鉄鉱石やマンガン、原料炭や一般炭、銅やニッケルのベースメタル、プラチナやダイヤモンドの貴金属である。金事業からの撤退や大量の人員削減の荒療治は、外部からのCEO導入によって初めて成しとげられたものであろう。

　現在ではグッゲンハイム一族が銅事業に関与していた事実を知る人も少ない。また、一時期支配していたアサルコは、1999年にアサルコが権益49％を所有していた子会社のグルポ・メヒコに買収された。グルポ・メヒコは資源メジャーとして、今なお活躍している。

　ユダヤ人による資源メジャーのほかの例として、グレンコア・エクストラータがあげられる。マーク・リッチはベルギーのユダヤ人家庭に生まれ、1941年に渡米。ニューヨーク大学に入学するが、すぐに退学し、貴金属のディーラーとして活躍。その後、グレンコアを創設する。2013年5月、グレンコアは子会社のエクストラータと対等合併し、世界上位4社の資源メジャーの仲間入りを果たした。エクストラータは1999年以来、鉱山開発を主体とした資源ビジネスを展開している。その成長戦略は、企業買収を重視しており、急速に多角化をとげた資源メジャーである。

　ユダヤ人が過去、莫大な資金を要する資源事業に成功した要因として、金融業による金融資本家の存在、ユダヤ人の大家族制度やユダヤ人ネットワークによる人脈と情報などが指摘されよう。教育と学問を重視し、迫害による流浪という厳しい環境にあっての大きな業績は見事である。

第3章 鉱業による財閥の形成

　日本の鉱山の歴史は古く、最古の長登銅山（山口県美祢市）は698年に操業が開始された。産出した銅は東大寺の大仏鋳造にも使われた。英国籍の資源メジャーだけでなく、日本には鉱山経営から多角化して財閥を形成した例がみられる。1945〜1952年の連合国軍総司令部（GHQ）による占領政策で財閥は解体されたが、その後、財閥の流れをくむ企業の多くは再結集した。現在では、グループ間の求心力は弱く、金融界にみられるようなグループを越えた合併もある。

　1874年、神岡鉱山の経営権を三井組が取得し、日本を代表する鉛・亜鉛鉱山に発展させた。2001年に生産が中止されたが、現在は三井金属鉱業として、海外資源開発・金属製錬・電子材料などの事業展開を行っている。1877年、古河市兵衛により足尾鉱山が開発され、鉱山開発（古河機械金属）・電線製造（古河電気工業）・電気機器製造（富士電機）・通信機器製造（富士通）と多角化をとげていった。1905年、久原房之助が日立鉱山の経営に乗り出し、日本を代表する銅鉱山に発展させ、久原財閥を形成させた。なお、現在ではJX日鉱日石金属に発展しており、日立鉱山の機械修理部門からは日立製作所が誕生している。

　明治政府は官営鉱山を安く払い下げ、鉱山の多くは民間の活力により発展した。小坂鉱山の藤田組への払い下げ（1884年）、生野鉱山・明延鉱山の三菱への払い下げ（1896年）、釜石鉱山の田中長兵衛への払い下げ（1885年）などがその例であり、それらの会社は現在のDOWAホールディングス、三菱マテリアルに引き継がれている。鉱業は近代日本における基軸的産業を構成し、多角化に向けた蓄積基盤を形成した。しかしながら、1970

51

年頃から国内鉱山の衰退、多角化の推進、海外資源開発の流れが形成された。

別子鉱山（1691〜1973年）は283年間の歴史において、住友（現・住友金属鉱山）が単独で操業した世界でもめずらしい例であり、その銅生産量の合計は約70万 t におよぶ。現在、世界最大の Escondida 鉱山は年間銅生産量が100万 t を超えているが、英国の銅産業の歴史（1770〜1919年）を通じても総生産量は98万 t であり、別子鉱山の生産規模には驚かされる。

本章では、別子鉱山の283年におよぶ歩みと住友の繁栄において、鉱業が果たした役割を明らかにした。

財閥の歴史

金融・商社・流通・鉱業・重化学工業などの多角的分野に投資し、近代日本経済に貢献した三大財閥に、三井・三菱・住友があげられる。三井は、1673年に呉服店越後屋を京と江戸に、1683年に両替店を江戸日本橋に開店している。両替店は金融と為替の商売を行い、幕府や紀州徳川の御用商人として政商の役割を果たした。三菱は岩崎弥太郎が明治期の動乱に政商としてその礎を築いた。1870年に土佐藩が設立した九十九商会は、1871年の廃藩置県の後、1873年に三菱商会と名を変え、船会社として商業や金融為替業を行った。住友は、1590年に京都で銅製錬を開業し、1691年に別子鉱山の操業を開始した。鎖国時代（1639〜1854年）も、オランダや中国を相手に、銅は生糸や綿製品に次ぐ重要な輸出品であった。銅輸出は、第一次世界大戦まで行われた。

1890年代から1910年代における日清・日露戦争期には、政商から事業の多角化をめざし財閥へと転化していった。金融の独占化に始まり、三井物産や三菱系日本郵船の海運などによる流通独占で事業拡大が進み、総合商社化していった。さらに、国家と財閥とが機構的につながった官営事業払

表 3-1 三大財閥にみる投資部門構成（1937年）

	三井	三菱	住友
金融業	11.5%	22.1%	15.1%
重工業			
鉱業・金属	29.0%	20.8%	23.3%
その他重工業	19.7%	24.9%	20.8%
軽工業	13.8%	11.5%	9.4%
その他	26.0%	20.7%	31.4%
合計	100%	100%	100%
投資額合計（千円）	613	574	387

出典：松元（2004）の資料にもとづき作成

い下げが鉱山や炭鉱にみられた。三井は、1874年に神岡亜鉛鉱山を、1888年に三池炭鉱を455万円の入札金で入手し、生産基盤と産業基盤を確立した。三菱は、1881年に高島炭鉱（払い下げ金額55万円）、1884年に官営長崎造船所（後の三菱重工業：45万9000円）、1896年には佐渡金山および生野銀山（2鉱山で256万円）・明延銅山の払い下げにより中核産業が確立され、資本の大幅な増加をみた。

　住友の本店は大阪にあり、別子鉱山は急峻な四国山脈に位置するため、三井や三菱と比べて住友は政商としての役割は小さかった。そのため、住友には顕著な官営事業の払い下げがなく、民間ベースでの鉱山取得を進めた。麻生グループは筑豊地方の炭鉱事業から勃興したが、その発端は1885年から麻生太吉が経営していた忠隈炭鉱にさかのぼる。その後、1891～1892年の大水害により甚大な損害を受け、さらには断層に遭遇し出炭不能となり資金難に立たされた。住友は1894年に忠隈炭鉱を麻生グループより買い上げ、再開発を進めた。その結果、住友は筑豊における炭鉱事業を手中に収めた。1917年には鴻之舞金鉱山を買収して、1973年の閉山までに約73tの金を産出した。

　財閥は中心となる金融機関や持ち株会社を中心に、事業の多角化や重工業化を推進した。日中戦争が始まる1937年が財閥コンツェルンがピークに

達した時期である。当時の三大財閥による投資部門構成を**表3-1**に示す。

　三大財閥の中では、住友が別子鉱山の283年におよぶ歴史の中で銅量約70万tを産出した。別子鉱山は、足尾鉱山（1650〜1973年操業、銅生産80万t）、日立鉱山（1905〜1981年操業、銅生産44万t）とともに日本三大銅鉱山であり、我が国においてだけでなく、最盛期には世界的にも有数の銅鉱山であった。

別子鉱山と住友の繁栄

　住友の名が歴史に登場するのは、400年以上前の室町時代と言われる。住友家の業祖、蘇我理右衛門は、1591年に大陸から大坂の堺にやって来た人物から「南蛮吹き」という粗銅から銀を分離する製錬技術を伝授された。蘇我理右衛門の子、住友友以（住友2代）は銅吹き屋を開業し、1623年に大坂に本拠をかまえ、泉屋住友家の基礎を築いた。この手法は、鉛を使って粗銅から精銅を得るとともに、銀を採取するものであった。この「南蛮吹き」の秘伝によって、全国の銅が集まり莫大な利益を上げることになった。1690年、別子露頭が発見され、1691年から住友の手により別子鉱山の銅採掘が始まった。この別子鉱山が住友財閥を築き上げることになる。

　『住友別子鉱山史　上巻』の「発刊にあたって」で、別子鉱山と住友の関係が明らかにされている。

　　──まず、別子鉱坑はその開坑から閉山までの三〇〇年もの長い間、住
　　　友というひとつの事業体によって一貫して経営され、営々として稼
　　　行されて来た。また、別子鉱山はその名の如く、豊かな生命力で
　　　次々と子を別け、現在わが国のみならず全世界に翼を広げている住
　　　友の諸事業を育くみ、そのすべての源流の位置を占めている。──

　しかしながら、別子鉱山の283年間には多くの難題もあった。1694年の大火、1868年の明治新政府による接収の危機、死者513人を出した1899年

の大水害、新居浜における煙害問題の発生（1893年）と四阪島製錬所の煙害問題（1939年解決）、明治以降の近代化の推進と銅品位の低下、第二次世界大戦時の乱掘と坑内荒廃などである。

別子鉱山の283年にわたる長い歴史を、江戸時代（幕府の保護政策と低水準の生産時期）、明治維新から第二次世界大戦（技術革新による再生から第二次世界大戦の混乱期）、第二次世界大戦後から閉山（銅品位の低下と自由化による国際競争力の低下時期）の3つに分けてみていこう（図3-1）。

◉──江戸時代（1691～1867年）における生産状況

1691年の別子鉱山の開山後、数年で銅生産量は1300 t /年に達したが、江戸時代を通じて300～650 t /年の生産規模で推移した。徳川幕府は、1620年代以後、外国貿易の決済手段として従来の金・銀の海外流出を抑制するため、銅を使用することとし、銅生産の振興を実施した。そのために幕府が行った保護政策として、①1701年、大阪に銅座を開設し、輸出用棹銅（長さ23cm、重さ300gの棒状）を調達してオランダと中国への銅輸出を専売化、②1715年、足尾・吉岡・尾去沢・阿仁・別子などの各鉱山への生産の割り当て、③鉱山への米の払い下げ、が指摘される。米の払い下げについては、別子鉱山では、年900 t の米が市価の約2分の1で払い下げられ、幕末まで行われた記録がある。

内田欽介（1992）によると、幕府の保護政策には技術的な側面は含まれていなかった。鎖国による科学・技術の遅れは否定できず、火薬の鉱山への使用、石炭の金属製錬への使用、蒸気機関（英国のワットにより1764年に発明）の鉱業への利用は明治維新後となる。『住友別子鉱山史 上巻』によると、特異な別子鉱床の恩恵があったことが記述されている。第一に、銅品位が約11％と高く、火薬なしでも採掘可能な縞状の地層であったこと、第二に、鉱体がほぼ一枚層であり、断層による変位が少なかったことが指摘されている。別子鉱山では2000～3500人の従業員を雇用しており、当時

55

図3-1 別子鉱山における銅生産量と採掘銅品位（1691～1969年）

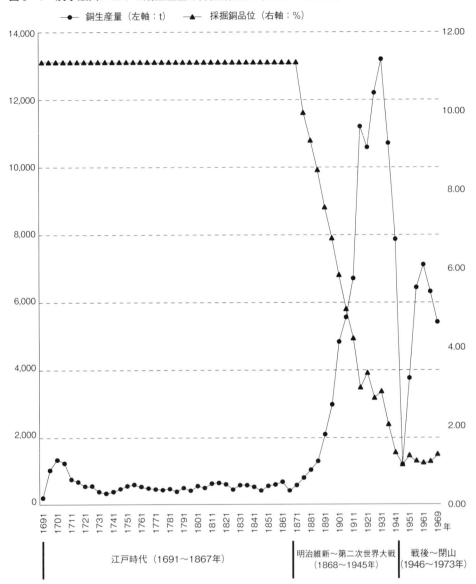

出典：『住友別子鉱山史 上巻』（住友金属鉱山、1991）にもとづき作成

の手工業とは比較にならない規模であった。

● ── 明治維新から第二次世界大戦（1868〜1945年）

　この時期は、西欧近代技術の導入により別子鉱山が最盛期を迎えた時期
である。銅生産量は、1868年の422 t から1928年には 1 万4985 t のピーク
に達した。一方、銅品位は、1868年の11.24％から低下し、1945年には0.91
％を記録した。

　明治政府も鉱山開発を最重要政策とした。これは、金・銀を貨幣材料と
して重要視するとともに銅は重要な輸出商品であったからである。明治政
府は、幕府直轄の佐渡・生野・小坂などの金・銀鉱山を国有化し、外国人
技術者を招聘した。その数は英・米・独・仏から地質・採鉱・製錬の技術
者78人に達し、小坂・阿仁などの官営モデル鉱山や製錬所で近代化に努め
た。巨費を投じたモデル鉱山や製錬所は、1879年以降、教育を受けた技術
者や労働者を含めて格安で払い下げられていった。

　1868年 9 月、別子鉱山支配人の広瀬宰平（後の住友総理事）は、新政府
の命により官営生野鉱山に出向き、政府に招聘されたフランス人技師コワ
ニエに指導を受けた。翌年別子に戻った広瀬は、生野で学んだ黒色火薬を
採掘に試用し、1870年から全面的に採用した。1874年には、住友は、フラ
ンス人鉱山技術者ラロックを 1 年間招聘し、別子の近代化計画を策定させ
た。その時の待遇は、月給500米ドルと破格であり、広瀬の 6 倍、坑内夫
の100倍もの高額であった。 1 年間で作成された近代化提言にもとづき、
1876年から実施に移した。

　さらに、製錬技術習得のため、 2 名の社員をフランスに留学させ、1883
年には洋式製錬所の建設に着工し、翌年に新居浜に製錬所を完成させてい
る。なお、新居浜製錬所において煙害問題が発生したため、1896年に製錬
所を新居浜沖20kmの瀬戸内海の小島、四阪島に移設し、1905年に四阪島
製錬所の本格操業を開始した。そこでも排出ガスによって環境が悪化した
が、四阪島製錬所にドイツのペテルゼンが開発した亜硫酸ガスを硫酸に添

57

図3-2 明治時代における銅相場

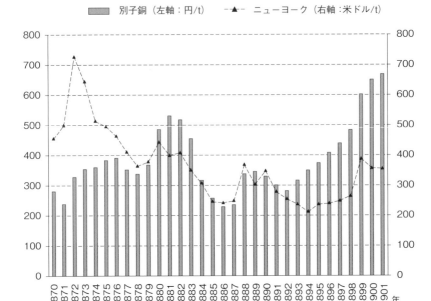

出典：『住友別子鉱山史 上巻』（住友金属鉱山、1991）、World Non-Ferrous Metal Production and Prices, 1700-1976（Schmitz, 1979）にもとづき作成

加するペテルゼン式硫酸工場と、亜硫酸ガス除去のためアンモニアによる中和工場を建設し、1939年に半世紀におよぶ排出ガスによる環境問題を解決した。

別子鉱山における銅生産の拡大にともない、銅産業の収益を基礎に住友の多角化が行われた。多角化の時期は、①1890〜1905年（銅生産が2000〜5000 t）と、②1914〜1934年（銅生産が1万t）の2つのピークが認められる。第一のピークは1890年代から日露戦争終結の1905年までであり、石炭事業（1893年買収）・銀行（1895年会社設立）・倉庫（1899年設立）・電線（1897年買収）・鋳鋼（1901年買収）などが行われた。第二のピークは、第一次世界大戦を契機とする重化学工業化の時期に相当する。この時期の主な多角化として、鴻之舞金鉱山（1917年買収）・板硝子（1918年設立）・

図3-3 戦前の別子鉱山

出典：『愛媛の昭和史・平成年表──1926～2005』（難波、2006）

損害保険（1920年資本参加）・林業（1921年別子からの分離）・不動産（1923年設立）・生命保険（1925年買収）・信託銀行（1925年設立）・機械製造（1933年別子から修理部門分離）などがみられた。鴻之舞金鉱山は買収後に新たな鉱脈が発見され、1932～1937年は別子鉱山を押さえて住友の鉱業部門の稼ぎ頭になった。

　銅鉱業や製錬業に深く関連する多角化として、石炭鉱業・金鉱業・林業・機械製造・肥料製造・伸銅（銅合金による加工製品）・電線・電力があり、銅産業に必要な原材料の供給、銅の付加価値を高めるもの、銅産業を補助するもの、既存技術を応用したものが含まれる。銅産業との関連が薄い多角化としては、鉄鋼・通信機・板硝子などがあげられる。

　1880年代における銅生産国は、チリ・米国・スペイン・日本であったが、米国の銅生産が急速に拡大して1889年頃は世界生産の40％を占めるようになった。別子銅の90％以上は海外向けであったため、ロンドン・ニューヨークの銅相場の変動が大きく影響した。図3-2は1870～1901年の別子銅

59

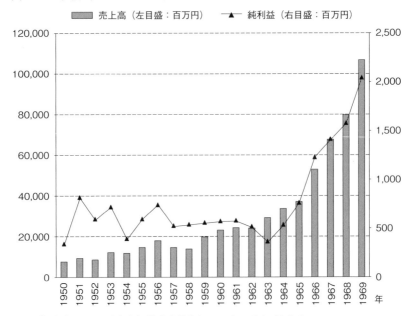

図3-4　戦後（1950〜1969年）における住友金属鉱山の売上高と純利益

出典：『住友金属鉱山二十年史』（住友金属鉱山、1970）にもとづき作成

とニューヨークの相場を示す。1880年の別子鉱山の純利益は20万円程度（初任給の比較から現在の12億円）と報告されている。なお、戦前の別子鉱山の様子を図3-3に示す。

◉── 第二次世界大戦後から閉山（1946〜1973年）

　第二次世界大戦後、GHQによって、財閥解体や1949年の金属と石炭の分離が強行された。1950〜1953年の3年1カ月にわたる朝鮮戦争は不況の日本経済にとって大きな転換となった。別子鉱山の経営もこの戦争によって大きく改善され、自立への道が開かれた。総資産は、1949年の26億円から1954年には5倍の136億7000万円に拡大し、鉱山部門の拡大やニッケル製錬再開などの経営基盤確立へ向けた施策が展開可能となった。図3-4は戦後における住友金属鉱山の売上高と純利益が示されているが、1951〜

1953年の3年間で純利益は21億1000万円（年平均7億円、現在の価値で479億円）に達した。

別子鉱山は、戦後、日本経済の高度成長期における原料確保や供給に大きく貢献する一方、1961年の貿易自由化や採掘銅品位の低下に直面した。住友金属鉱山は新たな局面を迎え、1961年1月に方針を全社に示達した。その内容は、①国内鉱山の探鉱や開発投資の一時凍結、②積極的な海外資源開発、③自由化対策としての銅・ニッケル部門の合理化、④新規事業部門の展開、⑤コスト削減、であった。この方針により、鉱山部門は、国内鉱山の縮小と海外鉱山開発への道を歩むことになる。その結果、住友金属鉱山の純利益は、1961年の5億7000万円（現在の価値は78億円）から1969年には20億5000万円（現在の価値は126億円）に拡大した。

別子鉱山は1973年に閉山し、283年の歴史に幕を閉じた。閉山にいたった直接的な原因として、以下の3点が指摘されている。まず、採掘品位の低下と鉱脈幅の縮小による埋蔵鉱量の枯渇があげられる。第二に、採掘坑内の現場である切羽の作業環境の悪化が指摘される。最初の採掘は、海抜1000m以上からスタートするが、最深部の採掘は海抜マイナス1000mにおよび、「山鳴り」や採掘による盤圧の開放によって起きる地層の破壊「山ハネ」をともなうとともに、岩盤温度は52℃にも達した。第三に、人件費や物品費の高騰にともない生産コストが上昇して、1968年には採掘から電気銅にいたる生産コストが56万円/tと、国内での銅取引価格の43万3475円/tを大きく超えていた。

住友金属鉱山の現状

住友金属鉱山は、1960年代、探鉱の進んだ案件に対し、鉱山から生産される精鉱を引き取る権利のあるJV契約（探鉱オプション）を結び、融資とマイナーな権益の取得により開発する方法を採用していた。カナダの

Bethlehem鉱山の融資買鉱では、融資の早期返済（6年から2年）が実現しただけでなく、株式配当（1965年から2億5000万円/年）や売却益（80億円弱）も享受し、別子と鴻之舞の閉山費用にあてられた。国内では、鹿児島県の菱刈金鉱山を発見し、1985年の出鉱開始から現在まで約210ｔの金を産出している。なお、鉱石1ｔ中の金含有量は約40gと世界最高の品位を示す。国内鉱山が消滅した現在、菱刈金鉱山は唯一操業する国内鉱山で、鉱山技術者の貴重な養成の場であり、世界の鉱山開発に向けた発信基地となっている。

　住友金属鉱山は現在、銅部門でチリのSierra Gorda、Candelaria、米国のMorenci、ペルーのCerro Verde、インドネシアのBatu Hijauなど、金部門でアラスカのPogo、ニッケル部門でフィリピンのCoral Bay、Taganiteなどに投資している。2014年の住友金属鉱山の年次報告において、同社は400年を超える歴史の中で培われた高度な技術力をいかし、"世界の非鉄リーダー"をめざすことを明らかにしている。長期ビジョンのターゲットとして、銅（権益分シェア30万ｔ）、金（権益分シェア30ｔ）、ニッケル（権益分シェア15万ｔ）とともに、売上高1兆円、当期純利益1000億円を掲げている。

第4章 資源メジャーの成長戦略と資源確保

　英国籍資源メジャーのリオ・ティントとBHPビリトンについて、第1章では、その誕生から苦難を乗り越え、グローバル化や多角化への道を歩んだ過程を追った。特に、会長や最高経営責任者（CEO）にスポットをあて、Rio TintoやBroken Hillという単独鉱山の開発から、不安定な政権や資源の枯渇による新規事業や新たな地域での鉱山開発へと果敢に展開した戦略をみてきた。

　資源メジャーにとって、持続的に成長するためには新たな資源確保が必要である。資源確保には、探鉱活動（草の根的な初期のグラスルーツ探鉱・確認探鉱・鉱山周辺の探鉱）、プロジェクト買収、企業買収という方法がある。本章では、世界の主要資源メジャーについて、直面する課題や環境を明らかにして、1992〜2001年の10年間、2001〜2010年の10年間にそれぞれ、探鉱活動・プロジェクト買収・企業買収によってどれだけの量の銅をどれだけのコストで確保したのかを明らかにする。2011年から資源価格が下降傾向にあるが、資源価格のサイクルが低迷段階に移行した現在、資源メジャーの成長戦略はどのようなものであるかも明らかにしたい。

資源メジャーが直面する課題

　2005年以降、中国を中心とした新興国の急激な経済成長にともなう資源需要の高まり、株安やドル安に行き場を失った年金基金・オイルマネーなどの投機資金の流出入などにより、資源価格は高騰した。銅・亜鉛・ニッ

ケルなどのベースメタルは、2003年に比べて2006〜2007年には4〜6倍にも高騰した。

　リスクの高い鉱山開発などの上流部門に特化している資源メジャーの多くは、潤沢なキャッシュフローを背景に大型の企業買収を展開した。2006年には、バーレによるカナダのインコ買収（買収額173億米ドル）、エクストラータによるカナダのファルコンブリッジ買収（買収額188億米ドル）が行われるとともに、フリーポート・マクモランによる米国のフェルプス・ドッジ買収（買収額259億米ドル）、リオ・ティントによるカナダのアルキャン買収（買収額381億米ドル）が展開された。

　2008年9月のリーマンショックによる世界経済の低迷とともに、2008年末には金を除く資源価格は2003年の水準まで下落した。世界各国の財政政策により、2009年2月から資源価格は上昇に転じて、銅価格は2011年2月14日には1万248米ドル/tと過去最高値を記録した。しかしながら、亜鉛・ニッケル・アルミニウムは低迷を続けている。

　2015年現在、資源メジャーが置かれている状況は以下のように整理される。

①資源価格の下落傾向
　上昇を続けてきた銅価格は、中国経済の減速がみられる一方、2013年以降の大型銅鉱山開発（Oyu Tolgoi、Quellaveco、Salobo、Las Bambas）や大型既存鉱山の拡張計画により、供給過剰が予想される。また、石炭や鉄鉱石価格も2011年から下落傾向にあり、2014年にはピーク時の60％前後の水準にある。

②買収資産の資産価値の低下
　買収した企業の資産価値が下落したため欠損金を計上。特に、アルミニウム価格の低迷により、アルキャンを買収したリオ・ティントは2008年にキャッシュフローを悪化させている。2015年2月、アングロ・アメリカンはMinas-Rio鉄鉱石鉱山関連で35億米ドルの評価損を公表している。

64

③資源メジャーのCEOの交代

　2013年、主要資源メジャーのCEOの交代が続いた。BHPビリトンはマリウス・クロッパーからアンドリュー・マッケンジーへ（5月）、リオ・ティントはトム・アルバネーゼからサム・ウォルシュへ（1月）、アングロ・アメリカンはシンシア・キャロルからマーク・カティファニへ（1月）、エクストラータは合併によるグレンコア・エクストラータの誕生にともないミック・デイビスからイワン・グラゼンバーグ（6月）となった。

　このような背景をふまえたうえで、主要資源メジャー6社に焦点をあて、2012年における現状分析、1992〜2010年の過去における資源確保戦略とコスト分析、2012年以降の大型銅鉱山の生産・拡張・新規鉱山開発の展開から、資源メジャーの成長戦略の変化や新たな展開を探ってみたい。

　対象とした資源メジャーは、100年以上の歴史があり、多角化やグローバル化を進めてきたBHPビリトン、リオ・ティント、アングロ・アメリカンの3社、21世紀になり企業買収を通じて急速に台頭したバーレ、エクストラータの2社、インドネシアのGrasberg銅鉱山を主要拠点とし2006年11月にフェルプス・ドッジを買収して銅事業のグローバル化をとげたフリーポート・マクモランの、計6社である。

資源メジャーの現状分析

◉──資源メジャーの市場規模

　企業の規模の目安となる指標に時価総額がある。時価総額は、発行済株式数を株価で乗じて算出される。ビジネス誌Forbesの"The Global 2000"にもとづく2013年4月17日付の時価総額では、世界を代表する石油メジャー、エクソンモービルで4000億米ドルに達しており、ペトロチャイ

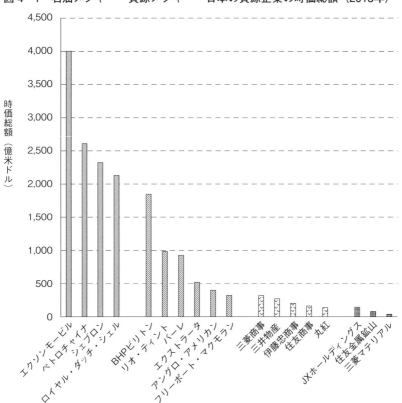

図4-1 石油メジャー・資源メジャー・日本の資源企業の時価総額（2013年）

出典：Forbes "The Global 2000" 2013年4月17日版にもとづき作成

ナ、シェブロン、ロイヤル・ダッチ・シェルで2000億米ドル以上の規模である。資源メジャーではBHPビリトンが1847億米ドルと大きく、リオ・ティント（985億米ドル）、バーレ（927億米ドル）、エクストラータ（521億米ドル）、アングロ・アメリカン（399億米ドル）、フリーポート・マクモラン（321億米ドル）と続いている。これに対して、日本の代表的商社で321億米ドル、鉱山・製錬企業で144億米ドル程度であり、資源メジャーと比較して企業規模が小さい（図4-1）。なお、2010年4月、新日本石油と新日鉱ホールディングスが統合持ち株会社JXホールディングスを設立し、

売上高10兆円の総合エネルギー・資源事業企業が誕生したが、時価総額では144億米ドルの規模でしかない。

　代表的な石油メジャー6社（エクソンモービル、ロイヤル・ダッチ・シェル、ブリティッシュ・ペトロリアル、ペトロチャイナ、トタル、シェブロン）と資源メジャー6社（BHPビリトン、リオ・ティント、バーレ、アングロ・アメリカン、エクストラータ、フリーポート・マクモラン）の、Forbesによる2010年の売上高と利益のデータをみると、石油メジャーの売上高は6社とも1500億米ドル以上であるが、資源メジャーの6社は500億米ドル以下となっている。ただし、利益／売上高の比率に関しては、石油メジャーの大半は5〜10％の範囲にある。

　例えば、ロイヤル・ダッチ・シェルの4.7％からペトロチャイナの10.2％であり、ペトロチャイナを除く5社の平均は6.5％である。資源メジャーでは、エクストラータの3.0％からバーレの21.4％の範囲であり、6社平均は13.2％と石油メジャーの2倍程度の比率である。2014年のデータでも、石油メジャーの利益／売上高比率が3.6〜10.1％なのに対し、資源メジャーのBHPビリトンが21.9％、フリーポート・マクモランが12.5％と高い数字を示している （図4-2）。

　売上高総利益率は（売上高－売上原価）／売上高で示され、景気や資源価格に大きく影響されるが、製造業で15〜60％、小売業で20〜30％、一番低い商社で1.5〜2.0％と言われている。資源メジャーの場合、新規の鉱床発見の確率は、新たな油田発見と同様に低いと考えられる。しかしながら、既存の鉱山周辺での探鉱活動による資源確保は、各社の年次報告では報告されていないが、新規の鉱床発見に比べてはるかに多いことが、筆者（2005、2009）により指摘されている。

　さらに、グラスルーツの探鉱活動は、カナダの証券市場から資金を調達した探鉱専門の小規模なジュニア企業により行われており、その後のプロジェクト買収や鉱山開発は資源メジャーにより行われている。ジュニア企業が発見した銅鉱床プロジェクトの買収コストも、資源メジャーにとって

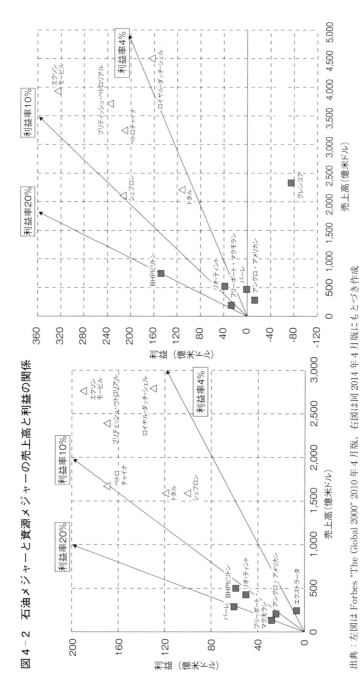

図4-2 石油メジャーと資源メジャーの売上高と利益の関係

出典：左図はForbes "The Global 2000" 2010年4月版、右図は同2014年4月版にもとづき作成
注：図中の四角は資源メジャー、三角は石油メジャーを示す

はさほど高くない。このため、上流部門におけるリスクは、石油部門で圧倒的に高く、海洋掘削による探鉱活動や商業化に投じる資金も石油部門が金属部門を大きく超えている。BHPビリトンの場合は、石油部門もコア事業としており、ほかの資源メジャーに比べて、大きな時価総額を示している。

　資源価格が激しく変動する環境下において、いかにして安定的収益を確保するかは資源メジャーにとっては重要なことである。多角経営を推進しているBHPビリトン、リオ・ティント、アングロ・アメリカンや、最近の大規模M&Aにより多角化をめざすエクストラータ、バーレは価格変動リスクを低減している。1980～1990年代にかけて成功をもたらした1企業1鉱種の北米企業（例えば、ファルコンブリッジ、インコ、アルキャンなど）が、2000年代になって多角化をめざす資源メジャーによる企業買収のターゲットとなった。例えば、バーレは2006年にカナダのニッケル企業インコを買収（買収額173億米ドル）、エクストラータも2006年にカナダの銅・ニッケル企業ファルコンブリッジの買収（買収額188億米ドル）を通じて、急激に多角化と大型化をとげた。

　2013年5月2日付で、グレンコアはエクストラータとの対等合併が完了し、社名はグレンコア・エクストラータへ変更された。この合併により、2013年4月時における時価総額で、BHPビリトン、リオ・ティントに続く世界第3位の資源メジャーとなり、資産総額ではバーレをしのぎ世界第1位となった（図4-3）。2014年5月、グレンコア・エクストラータの名称はグレンコアに戻した。なお、中国商務部はこの合併が中国国内市場に影響をおよぼすと判断し、中国独禁法の域外適用をあてはめ、中国商務部の審査合格の条件として、ペルーにおけるLas Bambas銅プロジェクトの売却（2014年9月30日までに）と中国への90万t/年以上の銅精鉱の長期供給（2013年1月から8年間）を要求した。

　グレンコア・エクストラータの誕生により、資源メジャー6社のうち、アングロ・アメリカン、フリーポート・マクモランの2社とほかの4社に

69

図 4‐3　資源メジャー 6 社の時価総額と資産総額（2013年）

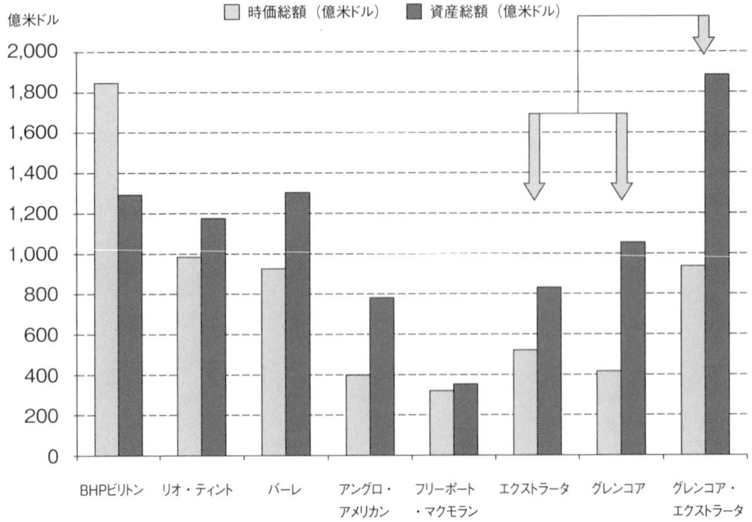

億米ドル　　　　□ 時価総額（億米ドル）　■ 資産総額（億米ドル）

（縦軸）2,000／1,800／1,600／1,400／1,200／1,000／800／600／400／200／0

BHPビリトン　リオ・ティント　バーレ　アングロ・アメリカン　フリーポート・マクモラン　エクストラータ　グレンコア　グレンコア・エクストラータ

出典：Forbes "The Global 2000" 2013 年 4 月版にもとづき作成
注：2013 年 5 月にグレンコアとエクストラータが合併し、グレンコア・エクストラータが誕生

おいて、時価総額や資産総額で大きな差が生じることになった。

◉──── 資源メジャーの戦略

　資源メジャーの戦略については、各社における年次報告に明確に記されている。

　BHP ビリトンは、大型で、寿命が長く、生産コストが安く、拡張可能な鉱山を保有し、操業にともなう技術やノウハウに沿って対象鉱種や資産の地理的分布を多様化することによる成長戦略を明らかにしている。鉱山操業というリスクの高い上流部門を重要視しており、具体的には次の 4 点を掲げている。

　・探鉱活動による新たな資源の発見

　・新たな資源開発による戦略強化

　・市場を通じて製品の販売を行い、利益により財政リスクを克服

・企業活動を通じて株主に対する付加価値の還元

BHPビリトンはこの戦略を追求することにより、持続性（新規鉱山開発のためのパイプラインプロジェクトの確保）・誠実・尊敬・実行・説明責任といった、設立理念に沿った成長戦略が可能と考えている。

リオ・ティントは、未来における世界経済の不確定さや、資源価格のボラティリティの可能性を認める一方、世界の工業化や都市化が進展することにより金属資源の需要が拡大傾向にあると想定している。そのため、コスト競争力のある大型で拡張可能な鉱山の操業を重視しており、資源価格のサイクルに対して常に利益を確保できることを戦略としている。140年におよぶ資源ビジネスを通じて得た、持続可能な鉱山開発、革新的技術による生産コストの削減、探鉱活動から鉱山開発にいたる分野だけでなく、市場動向の分析による適切な鉱山開発や企業買収も重要な投資戦略と考えている。

アングロ・アメリカンは資源ビジネスのポートフォリオとして、鉄鉱石やマンガン・原料炭や一般炭・銅やニッケルのベースメタル・プラチナやダイヤモンドの貴金属をあげている。アングロ・アメリカンの戦略は、最も魅力的な鉱種に対して、世界的規模の鉱山投資、安全性と持続可能性を追求した最高水準の操業、信頼できる最高の従業員の確保、能率や効率の良い組織づくりを通じて、世界をリードする鉱山会社をめざすことにある。

企業買収を通じて急速な発展をとげているバーレは、繁栄や持続可能な発展のための天然資源の利用を使命としており、人類や地球に対する卓越した技術や情熱を通じて長期的な価値を創造する世界第一の資源企業をめざしている。必ずしも多様化を優先しておらず、具体的には、寿命が長く、高品位で操業費が安く、拡張可能な世界規模の鉱山投資を重要視している。その例として、世界最大規模の鉄鉱山の開発、モザンビークのMoatize石炭鉱山、カラジャス地域のSalobo銅鉱山やザンビアのLubambe銅鉱山、ニューカレドニアのVNCニッケル鉱山をあげている。

2002年3月、ロンドン証券取引所に上場したエクストラータは、グレン

71

コアが保有する豪州と南アフリカの石炭部門の買収（買収額25億7000万米ドル）、豪州のMIM社買収（買収額18億米ドル）などを通じて、世界的な資源メジャーとして急速に成長した。エクストラータは、中国を中心とした新興国の台頭により、資源分野における需要拡大の可能性を信じて、生産規模の大きな鉱山の確保や地理的に多様化した資源のポートフォリオをめざしており、そのためには、地域住民や関係政府に対する責任とパートナーシップが不可欠と考えている。エクストラータは発展の戦略として、買収や拡張を推進し、2014年までに銅部門の生産能力50％拡大を目標としている。さらに、2013年のグレンコアとの合併により、ユニークな資源メジャーを誕生させるとともに、世界で最も多様化した鉱山会社をめざしている。

　資源メジャーの多くが多角経営に向かう一方、フリーポート・マクモランは2006年にフェルプス・ドッジを買収（買収額259億米ドル）し、銅を中心とした事業展開を進めている。副産物としてモリブデンと金をともなう銅事業をめざし、地球上に分散化された大型銅鉱山の開発や操業に重点を置いている。将来にわたり、世界的な銅企業（モリブデンの生産は世界第1位）としての地位を維持するとともに、さらなる発展をめざしている。世界的規模を誇るインドネシアのGrasberg銅鉱山を保有する一方、拡張が期待される南米ペルーのCerro Verde（27万2000 t /年）、米国のMorenci（10万 t /年）、コンゴ民主共和国（DRC）のTenke Fungrume（6万8000 t /年）で合計44万 t /年が2013年中に増産されることになっている。また、2013年6月、北米における石油・ガスプロジェクトの買収を行った。銅以外のエネルギー分野における新たなポートフォリオ資産として、キャッシュフローの拡大や成長ポテンシャルが期待される。

● ── **資源メジャーによる主要鉱物生産**

　2012年における資源メジャー6社の主要鉱産物の生産を**表4-1**に示す。世界生産において6社が占める比率が高いのは、銅・ニッケル・アルミ

表4-1　資源メジャー6社による主要鉱産物の生産 (2012年)

主要鉱産物		BHPビリトン	リオ・ティント	アングロ・アメリカン	バーレ	エクストラータ	フリーポート・マクモラン	6社合計(a)	世界生産(b)	a/b (%)
銅鉱	(千t)	1,095	549	671	290	747	1,662	5,014	17,101	29
銅地金	(千t)	634	279	171	14	631	600	2,329	20,435	11
銅精鉱輸出	(千t)	461	270	500	276	116	1,062	2,685	5,927	45
亜鉛鉱	(千t)	112	0	0	0	982	0	1,094	13,391	8
ニッケル鉱	(千t)	158	0	57	237	107	0	559	1,946	29
アルミナ	(千t)	4,152	10,041	0	0	0	0	14,193	53,562	27
アルミニウム	(千t)	1,153	3,456	0	0	0	0	4,609	46,299	10
モリブデン鉱	(千t)	2.3	9.4	0	0	n/a	38.6	50.3	265	19
金	(t)	5.2	17.8	3.3	5.1	13.1	29.8	74.3	2,636	3
銀	(t)	1,285	190	0	0	2,943	0	4,418	24,743	18
鉄鉱石	(百万t)	159	199	43	320	0	0	721	2,941	25
鉄鉱石海上貿易	(百万t)	159	199	43	320	0	0	721	1,169	62
石炭	(百万t)	104	32	99	7	90	0	332	2,473	13
原料炭	(百万t)	33	11	18	5	11	0	78		
一般炭	(百万t)	71	21	81	2	79	0	254		
石炭貿易 (輸出)	(百万t)	104	32	99	7	90	0	332	1,142	29

出典：各社年次報告 (2012)、World Bureau of Metal Statistics (2012)、Coal Information 2012 にもとづき作成

ナ・モリブデン・鉄鉱石・石炭である。**表4-1**の中に示される銅鉱・銅
地金・銅精鉱はすべて、含有銅量を示す。銅鉱（銅品位は1％程度）は銅
を含む鉱石のことであり、銅精鉱は選鉱処理の結果生じた製錬原料（銅品
位は30％程度）であり、銅地金は製錬を終えた純度99.99％程度の銅金属
のことである。

　2012年には世界の銅鉱山生産は1710万tであったが、フリーポート・マ
クモランは世界生産の9.7％に相当する166万t、BHPビリトンは6.4％の
110万t、エクストラータは4.4％の75万t、その後には、アングロ・アメ
リカン（3.9％、67万t）、リオ・ティント（3.2％、55万t）、バーレ（1.7
％、29万t）が続き、6社の合計は世界生産の29％を占めている。

　世界のニッケル鉱山生産は195万tであったが、インコを買収したバー
レ（24万t）、BHPビリトン（16万t）、ファルコンブリッジを買収した
エクストラータ（11万t）、アングロ・アメリカン（6万t）の4社で世
界生産の29％を占めている。

　2012年におけるアルミナの世界生産は5356万tであったが、アルキャン
を買収したリオ・ティント（1004万t）とBHPビリトン（415万t）の2
社で世界生産の27％を占めている。

　モリブデン鉱に関してはフリーポート・マクモランが世界最大の供給企
業（4万t）であり、1社だけで世界生産の15％を占めている。

　2012年における世界の鉄鉱石生産は29億4100万tであったが、バーレ、
リオ・ティント、BHPビリトン、アングロ・アメリカンの4社で世界生
産の25％に達する。

　原料炭と一般炭を含む世界の石炭生産は24億7300万tであったが、石炭
の四大メジャーと呼ばれるBHPビリトン、アングロ・アメリカン、エク
ストラータ、リオ・ティントの生産合計は3億2500万t程度であり、世界
生産の13％でしかない。これは、中国が世界生産の50％以上を占める世界
最大の生産国であるからである。中国は、国内需要の拡大にともない、
2009年以来、石炭の輸入国に転じている。

74

亜鉛鉱山生産ではエクストラータ（98万ｔ）とＢＨＰビリトン（11万ｔ）の２社が大きく貢献しており、世界生産の８％を占めている。アングロ・アメリカンは亜鉛鉱山をコア事業と考えておらず、売却している。

　また６社は、金鉱山生産で３％、亜鉛や鉛鉱山からの副産物である銀生産で18％をそれぞれ占めている。アングロ・アメリカンは創業の礎であった金部門からの撤退を2009年に始めており、2010年には亜鉛事業の資産をインドのベダンタ・リソーシズに売却した。

　資源メジャーにとっては、世界生産に占める比率よりも、輸出市場における寡占化が重要である。輸出市場において資源メジャーが重要な役割を果たしているのが銅精鉱・鉄鉱石・石炭である。

①銅精鉱

　資源メジャー６社の銅鉱山生産から銅地金生産を差し引いた量が輸出市場に向けられると仮定すると、世界銅精鉱の輸出市場の45％を占めることになる。特に、フリーポート・マクモラン、アングロ・アメリカン、ＢＨＰビリトンの３社だけで34％に達しており、中国・日本・韓国・インドの製錬企業（世界銅精鉱輸入の約80％を占める）との買鉱交渉では資源メジャーが強い立場にある。買鉱交渉では製錬企業の取り分である製錬費（ＴＣ／ＲＣ）が決定され、世界市場の銅価格から製錬費を差し引くと、資源メジャーの取り分である銅精鉱の価格が決まる。銅地金の生産は、６社で世界生産量の11％を占める程度である。

②鉄鉱石海上貿易

　2012年における鉄鉱石の輸出量は11億6900万ｔであり、海上貿易で行われる。中国の輸入だけでその約60％を占めている。鉄鉱石の輸出は、バーレの３億2000万ｔ、リオ・ティントの１億9900万ｔ、ＢＨＰビリトンの１億5900万ｔ、アングロ・アメリカンの4300万ｔと、４社で鉄鉱石海上貿易

75

の62％に達している。この4社は、中国の鉄鉱石需要が続くかぎり、寡占的な市場において鉄鉱石の価格決定などで有利な立場にある。最近、バーレは40万tクラスのケープサイズの大型鉱石船を就航させ、中国向け輸出の拡大を図っている。経済性を追求すると、パナマ運河を通航できず、喜望峰回りになるためケープサイズと命名された。

③石炭貿易

　2012年における石炭の輸出貿易は11億4200万tであった。2012年の石炭四大メジャーの生産量（3億2500万t）が輸出可能と想定すると、世界輸出の約28％を占めていることになる。

　資源メジャーにとって、市場規模の大きい銅精鉱・鉄鉱石・石炭における寡占的な輸出は、中国を代表とする新興国の需要拡大が続くかぎり、有利な価格交渉や利益確保に大きく貢献していくと思われる。

◉ ── 資源を取り巻く環境の変化

　最近の資源を取り巻く環境は大きく変化しており、パラダイムシフトを感じさせる。柴田明夫（2011）が指摘したように、1990年代までは先進国が世界経済を牽引していたが、2000年以降、中国を中心とした新興国が世界経済に大きく貢献しており、パワーシフトが進行した。資源消費も中国における急激な需要拡大が世界消費に影響をおよぼした。新興国、とりわけ中国の急激な経済成長と大きく関係している。

　中国が世界貿易機関（WTO）に加盟した2001年以来、中国の資源消費量は加速度的に拡大し、2010年には世界の資源消費量の20〜50％を占めるにいたった。2000年代の消費量伸び率は、年間10〜20％にも達している。この急激な需要の拡大に、価格の変化に対する供給の変化率を示す価格弾性値は、鉱山部門では低く、供給サイドが追いついていかなかった。さらに、タイトな需給関係に対して、ドル安や株安により行き場を失った年金基金・外貨準備・オイルマネーといった投機的資金が金属市場に流入した。

図4-4 主要金属価格の推移（2003年5月～2015年6月）

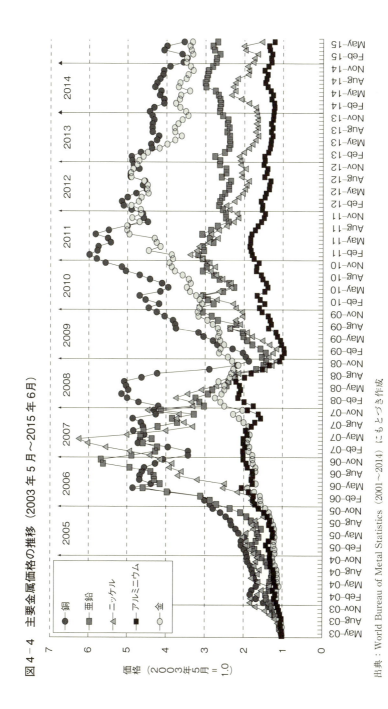

出典：World Bureau of Metal Statistics (2001～2014) にもとづき作成

2003年に比べて、2006〜2007年には、銅・亜鉛・ニッケルは4〜7倍に、アルミニウムや金は2倍程度に高騰した。2007年のサブプライムローン問題に端を発した米国住宅バブルの崩壊と2008年9月のリーマンショック以来、資源価格は暴落し、2008年12月には鉄鉱石・原料炭・金を除いて2003年の水準まで下落した。ところが、主要国の積極的な財政政策による景気回復と投機的資金の再流入により、2009年以降、資源価格は高騰に転じた。

　2008年7月3日に記録した銅価格8985米ドル/tに対し、2009年12月末には3000米ドル/tを割り、その後上昇に転じ、2011年2月14日には1万160米ドル/tを記録した。金価格はリーマンショックの影響も少なく上昇傾向を維持し、2011年8月10日は1700米ドル/オンスを突破した。亜鉛・ニッケル・アルミニウムも2009年以降回復傾向にあるが、2006〜2008年のピーク時にはいたらない。特に、アルミニウムについては、500万tを超えるLME在庫（世界に約700カ所あるロンドン金属取引所〈LME〉指定倉庫の在庫）により、価格は低迷している（図4-4）。

　2008年7月以降のベースメタル価格の急落に対し、鉄鉱石や石炭の価格は長期契約にもとづくベンチマーク価格（鉄分62％の豪州粉鉱や豪州一般炭のように指定銘柄に対する価格）が適用されていた。2008年の鉄鉱石や石炭のベンチマーク価格が高く、資源メジャーの売上高や営業利益を大きく支えた（図4-5、図4-6）。

　鉄鉱石については、高橋康志（2011）が指摘したように、2000年代以降、中国の鉄鋼生産の急増にともない、2009年には鉄鉱石の海上貿易量が約10億tに到達した。世界的な需給逼迫が常態化し、鉄鉱石価格の高騰とともに、2010年からは中国輸入鉄鉱石のスポット運賃（随時契約運賃）込み条件にもとづく四半期インデックス価格（指標価格）が導入され、年間ベンチマークが事実上崩壊した。石炭資源についても、冨田新二（2011）が明らかにしたように、中国とインドの需要拡大により、両国は輸入国に転じた。

図4-5 鉄鉱石価格の推移（2002～2014年）

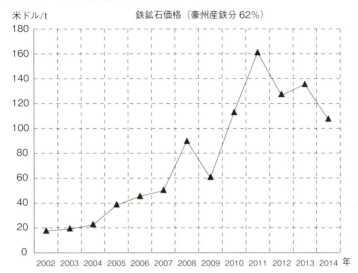

出典：IMF Primary Commodity Prices にもとづき作成

図4-6 石炭価格の推移（2002～2014年）

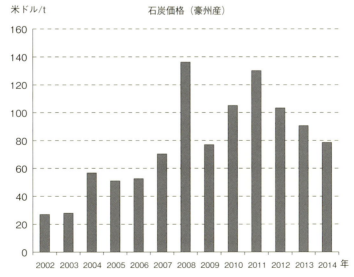

出典：IMF Primary Commodity Prices にもとづき作成
注：豪州産　ニューキャッスル港／ポートケンブラ港からの輸出（FOB）価格

● ── 資源メジャーのコア事業

　資源を取り巻く変化に対して、資源メジャーの経営や戦略に大きく影響
を与えると思われる指標を選び、各社の2012年年次報告にもとづく最新の
データをまとめた。BHPビリトンのみは、2012年度（豪州会計年度によ
る2012年6月締め）年次報告にもとづくデータである。重要な指標として、
品目別売上高・品目別営業利益・地域別固定資産・純流動資産や純資産を
選択した（表4-2）。

　2012年における6社の売上高は、180〜722億米ドルの範囲にある。石
油・ベースメタル・アルミニウム・鉄鉱石・石炭などの多角経営を行う
BHPビリトンが722億米ドルの売上高を記録する一方、銅事業に特化する
フリーポート・マクモランが180億米ドルとBHPビリトンの4分の1程度
の売上高を示している。BHPビリトンの売上高に大きく貢献しているの
が、鉄鉱石（売上高に占める割合、以下同じ：31％）・石炭（19％）・石油
（18％）・ベースメタル（16％）などである。リオ・ティントでは、鉄鉱石
（48％）・アルミニウム（20％）・ベースメタル（13％）・石炭（11％）など
が売上高を支えている。アングロ・アメリカンの売上高は、石炭（22％）・
鉄鉱石（17％）・ベースメタル（17％）・プラチナ（17％）・ダイヤ（12
％）などによるものである。バーレでは鉄鉱石が突出しており、売上高の
70％を占め、ベースメタル（15％）・石炭（2％）が続いている。エクス
トラータでは、ベースメタル（62％）・石炭（32％）・鉄鉱石（5％）が売
上高に貢献している。モリブデンや金をベースメタル（銅）の副産物と考
えると、フリーポート・マクモランはベースメタルに100％依存している
ことになる。

　資源メジャーのコア事業を議論する場合、どの品目が営業利益に貢献し
ているかが重要である。さらに、資源メジャー6社を正しく評価するため
に、金利・税金・償却前営業利益（EBITDA：Earnings before Interest、
Tax、Depreciation and Amortization）に注目した。EBITDA（以下、

表4-2 資源メジャー6社の主要経営指標（2012年）

（単位：百万米ドル）

	BHPビリトン	リオ・ティント	アングロ・アメリカン	バーレ	エクストラータ	フリーポート・マクモラン
1. 売上高	72,226	50,967	32,785	48,753	31,638	18,010
石油	12,937	0	0	0	0	0
ベースメタル	11,596	6,661	5,458	7,133	19,724	18,010
アルミニウム	4,766	10,105	0	0	0	0
鉄鉱石	22,601	24,279	5,572	33,978	1,503	0
石炭	13,598	5,431	7,336	1,092	10,085	0
その他	6,728	4,491	14,419	6,550	326	0
2. 営業利益 (EBITDA)	33,746	20,095	8,686	17,642	7,486	3,980
石油	9,415	0	0	0	0	0
ベースメタル	4,687	1,736	2,229	603	4,917	3,980
アルミニウム	25	1,085	0	0	0	0
鉄鉱石	15,027	15,675	3,198	17,647	123	0
石炭	3,592	1,249	1,849	▲449	2,815	0
その他	1,000	350	1,410	▲159	▲369	0
3. 地域別固定資産	108,822	90,668	51,453	91,766	78,453	24,589
豪州	53,072	39,789	5,062	3%	32,960	
北米	31,124	23,659	2,202	8%	8,468	
南米	11,857	2,875	16,483	82%	23,896	
アフリカ	5,381	4,872	25,344	2%	10,000	
その他	7,388	19,473	2,362	5%	3,129	
4. 資産						
流動資産	20,451	19,223	18,047	22,897	12,430	10,297
流動負債	22,034	13,821	8,803	12,585	7,191	3,343
純流動資産	▲1,583	5,402	9,244	10,312	5,239	6,954
総資産	129,273	117,573	79,369	131,478	83,113	35,440
総負債	62,188	59,552	35,582	55,115	36,322	14,129
純資産	67,085	58,021	43,787	76,363	46,791	21,311
株主資本	65,870	46,865	37,657	74,241	44,452	17,543

出典：各社年次報告（2012）にもとづき作成

注1：BHPビリトンは豪州会計年度（2012年6月締め）にもとづく

注2：バーレの地域別固定資産のデータがないため、地域別労働者数から推定

営業利益に省略）は、各社が鉱山業を行う国の税率や融資状況と鉱山機械の償却時期などの違いによる影響を除くために採用した。資源メジャー6社の営業利益は、フリーポート・マクモランの40億米ドルからBHPビリトンの337億米ドルの範囲にある。BHPビリトンに続いて営業利益が多いのは、リオ・ティント（201億米ドル）・バーレ（176億米ドル）である。

BHPビリトンには、石油・アルミニウム・ベースメタル・ダイヤモンド・ステンレス用ニッケル・鉄鉱石・マンガン・原料炭・一般炭の事業分野がある。2008年9月のリーマンショック後の急激な資源価格変動に着目して、品目別営業利益（EBITDA）をみると、2008年から2009年にかけて、アルミニウム・ベースメタル・ステンレス用ニッケルの価格が暴落する一方で、高い水準にあったベンチマーク価格の鉄鉱石・原料炭・一般炭が支えた。その結果、各品目別における営業利益マージン（営業利益／売上高）を合計したものは、より安定的に変化していることを筆者（2011）が指摘している。このように、営業利益に貢献する品目は、その価格動向によっても大きく変化する。一般的に、市場規模の大きい鉄鉱石・石炭・ベースメタルは、市場規模の小さなレアメタル（希少金属）に比べて、その価格変化は安定していると思われる。

資源メジャー6社の2012年における、ベースメタル・アルミニウム・鉄鉱石・石炭・その他についての部門別営業利益を示す（図4-7）。BHPビリトンのみは石油部門の営業利益を追加している。

2012年のベースメタルのうち銅価格については、7950米ドル／tであった。過去最高水準にあった2011年の8811米ドル／tに比べて下落したものの、依然として高価格を維持した。2012年のニッケル価格は、1万7536米ドル／t、亜鉛価格は1946米ドル／tと低迷した。

BHPビリトン、バーレ、エクストラータのベースメタルの営業利益の中にニッケルも含まれているが、ニッケル価格の低迷のため営業利益に占める金額は少ない。エクストラータのベースメタルの営業利益の中には亜鉛も含まれているが、亜鉛価格の低迷により営業利益への貢献は銅に比べ

図4-7 資源メジャー6社の部門別営業利益（2012年）

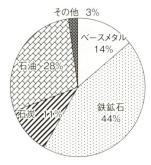

BHPビリトンの営業利益（337億米ドル）

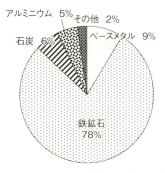

リオ・ティントの営業利益（201億米ドル）

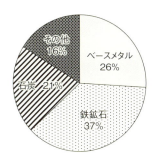

アングロ・アメリカンの営業利益（87億米ドル）

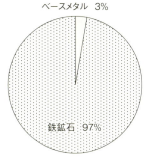

バーレの営業利益（176億米ドル）

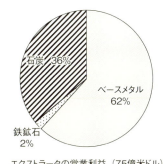

エクストラータの営業利益（75億米ドル）

フリーポート・マクモランの営業利益（40億米ドル）

出典：各社年次報告（2012）にもとづき作成

て低い。フリーポート・マクモランはモリブデンの生産量が世界第1位であるが、銅生産の副産物と考え、モリブデンをベースメタルの中に入れている。

中国の天津港への運賃込み鉄鉱石価格（鉄含有量62％、CFR：Cost and Freight）は、2011年に過去最高の167.79米ドル/tを記録し、2012年には128.53米ドル/tとやや下落したが、過去2番目の高価格の水準にあった。豪州産石炭価格は、ニューキャッスル港／ポートケンブラ港からの売主が買主側の手配した指定船舶に積み込むまでの経費を負担する本船渡し価格（FOB：Free on Board）で、2008年に過去最高の136.18米ドル/tに達した後、2011年には過去2番目に高い130.12米ドル/tを記録した。2012年には103.25米ドル/tまで下落したものの、高い水準にある。

この結果、資源メジャー6社の営業利益に貢献した品目として、ベースメタルの銅・鉄鉱石・石炭があげられる。2012年の部門別営業利益から、銅・鉄鉱石・石炭の3品目について明らかにしたい。

①銅

銅を中心とするベースメタルの2012年における営業利益に対する貢献は、フリーポート・マクモランの100％を除くほかの5社において3～62％の範囲がある。

2006年にファルコンブリッジを買収したエクストラータは、Collahuasi（権益44％）、Antamina（権益33.75％）、Mount Isa（権益100％）、Tintaya（権益100％）などの大規模銅鉱山を保有しており、銅・ニッケルのベースメタル部門が営業利益の62％を占めている。

BHPビリトンは営業利益の14％を占めており、Escondida（権益57.5％）、Antamina（権益33.75％）、Spence（権益100％）、Olympic Dam（権益100％）の優良大規模鉱山を有する。

リオ・ティントは営業利益の9％を占めており、Escondida（権益30％）、Grasberg（権益40％）、Bingham Canyon（権益100％）などを保有。

アングロ・アメリカンの場合もベースメタル部門の営業利益への貢献は26％であり、Collahuasi（権益44％）、Los Bronces（権益100％）などを保有。

バーレはSossego（権益100％）を保有するが、2006年に買収したインコの銅・ニッケル資産が貢献している。

銅事業に特化するフリーポート・マクモランは営業利益の100％が銅部門に依存している。

②鉄鉱石

鉄鉱石部門の実績が少ないエクストラータが2％を占めるのみで、フリーポート・マクモランを除くほかの4社は営業利益の37〜97％を占めている。鉄鉱石事業の国営企業としてスタートしたバーレは石炭部門の損失を鉄鉱石部門でカバーしており、営業利益の97％に貢献している。多角事業化しているリオ・ティントで78％、BHPビリトンで44％、アングロ・アメリカンで37％に達する。

③石炭

石炭部門において、取引価格が最高水準にあった2008年では、営業利益の15〜32％の貢献があった。特に、エクストラータは32％を、BHPビリトンは15％をそれぞれ占めていた。ところが2012年になると、石炭部門の貢献はエクストラータの36％を除いて、アングロ・アメリカンの21％、BHPビリトンの11％、リオ・ティントの6％と低調であった。

◉ ── 資源メジャーにおける資産の地理的分布

資源メジャーが過去に行った企業買収の目的は、新たな資源分野への参入、人的資源・ノウハウの確保、統合による再編や生産コストの削減を短時間に行うことにあった。さらに、鉱業活動のグローバル化やカントリーリスクの低い国での資産確保などが指摘されるであろう。

アングロ・アメリカンのCEOとして2000年に就任したトニー・トラハーは、南アフリカに集中していた事業を分散化させるとともに、多様化や多角化を推進した。そのために、チリのMantos Blancosの買収（2000年、買収額9200万米ドル）、Disputadaの買収（2002年、買収額9億8000万米ドル）を行い、カントリーリスクの低い地域での資産拡大に成功した。この時期は銅価格が低迷した時期であり、安価で優良資産を確保することができた。この結果、事業収益の74％を占めていた南アフリカの事業を2004年には3分の1に減少させることに成功した。

　将来のM&Aを占う要因として、資源メジャーにおける地域別固定資産を明らかにしておくことは重要であろう。2012年3月、ドイツのハンブルグで開催されたメタル・ブレティン社主催の第25回国際銅会議において、コデルコのロドリゴ・トロは、新規銅鉱山開発が予定されている100案件のうち40％は中程度から高いカントリーリスクにあることを指摘した。カントリーリスクについては、政治や経済により変化することが予想される。そのため、グローバル化とともに、固定資産の地理的分散が重要であろう。現在、カントリーリスクの低い地域として、北米やチリを中心とした南米、豪州があげられ、アフリカは一般的にカントリーリスクが高いと言われる。

　2012年の資源メジャー各社の年次報告による地域別固定資産によると、アフリカにおける資産はアングロ・アメリカンが49％と最大であり、エクストラータが13％、BHPビリトンやリオ・ティントが5％と続いている。豪州・北米・南米における固定資産は、BHPビリトンが88％、エクストラータが83％、リオ・ティントが73％、フリーポート・マクモランが62％、アングロ・アメリカンが46％となっている。

　バーレの年次報告には地域別固定資産のデータがないため、地域別労働者数の比率から固定資産の地理的配分を推定した。その結果、南米、特にブラジルに80％余の固定資産を保有していると思われる。

　グローバリゼーションによる固定資産の地域配分については、アングロ・アメリカンのアフリカ偏重やバーレのブラジル偏重などが将来の戦略

に影響を与えそうであり、この偏重を解決する即効的な方法として、プロジェクト買収や企業買収を行う可能性が高い。

● —— 資源メジャーの保有資産

年次報告における各社資産については、以下の3点に着目した。

①営業利益（EBITDA）
②純流動資産＝流動資産－流動負債
③純資産＝総資産－総負債

2004～2014年の営業利益の推移をみると、2008年秋のリーマンショックの影響が大きく、2009年に急激な営業利益の落ち込みがみられる。6社のうち、多角経営が進んだBHPビリトンとリオ・ティントは高い水準の営業利益を維持しているとともに、変動が少ないことが明らかである。一方、銅事業にのみ依存しているフリーポート・マクモランは、銅価格が急落した2008年に営業利益も減少している。鉄鉱石に大きく依存しているバーレは、高い水準の営業利益を維持しているが、2011年以降の鉄鉱石価格の下落により営業利益も下降傾向にある（図4-8）。

流動資産とは、現金や預金・受取手形・売掛金・有価証券など、比較的短期間に換金される資産のことを言う。純流動資産は、正味運転資金と定義される場合も多く、自由に事業活動に投入することが可能なため、企業の成長発展に通じる可能性も指摘される。2014年において6社の純流動資産は、39億～93億米ドルの範囲にある。

2004～2014年の各社における純流動資産の時系列変化を検討した（図4-9）。2008年におけるリオ・ティントとアングロ・アメリカンの純流動資産は、69億米ドルと45億米ドルのマイナスを記録している。2012年にはBHPビリトンが15億8000万米ドルのマイナスに転落している。その原因を当時の年次報告にもとづいて明らかにしたい。

87

図4-8 資源メジャー6社における営業利益の推移（2004～2014年）

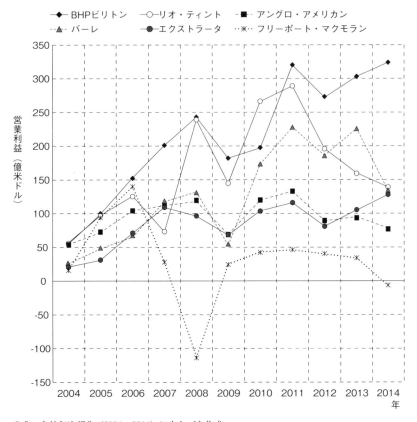

出典：各社年次報告（2004～2014）にもとづき作成

　リオ・ティントの場合、2008年の秋以降資源価格が急落したものの、2008年の平均価格は2007年に比べて、アルミニウム（1.7％減）・銅（1.2％減）・鉄鉱石（63.3％増）であり、売上高は2007年に比べて64％増の207億米ドルであった。2008年における金利の支払いは、アルキャン買収にともなう借入金のため、2007年に比べて10億5000万米ドル増の15億3000万米ドルであった。また、2008年には拡張計画にともない85億7000万米ドルを投資している。この投資案件の中には、西オーストラリア州におけるHope

図4‒9 資源メジャー 6 社の純流動資産の推移（2004～2014年）

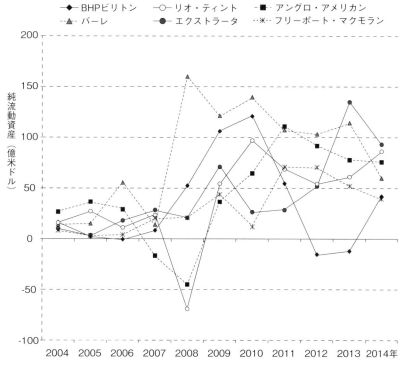

出典：各社年次報告（2004～2014）にもとづき作成

Downs鉄鉱山、クイーンズランド州のClermont石炭鉱山、マダガスカルのチタンの鉱山が含まれる。

　アングロ・アメリカンの場合も、売上高は2007年に比較して3.3％増の263億米ドルであったが、2008年における短期借入金が前年比7.7％増の67億8000万米ドルであった。アングロ・アメリカンは2009年末までに、1万9000人の人員削減、コア事業部門（プラチナ・銅・ニッケル・原料炭・一般炭・鉄鉱石）以外のコスト削減を図った。その結果、純流動資産は、2009年の37億米ドル、2010年の65億米ドル、2011年の111億米ドル、2012年の92億米ドルと改善されていった。

BHPビリトンの純流動資産は、2010年の121億米ドルをピークに2011年に55億米ドル、2012年にはマイナス15億8000万米ドルに下降していった。BHPビリトンは多角化による恩恵で、リーマンショックの影響もなく健全なキャッシュフローを記録しているが、2011年から2012年にかけてキャッシュフローの減少や純流動資産が下降した理由を、年次報告で明らかにしている。

　①税率やロイヤリティの上昇により、税金などの支払いが2011年の65億米ドルから2012年には83億米ドルと、18億米ドルの上昇

　②企業買収や操業鉱山への投資が、2011年の111億米ドルから2012年には184億米ドルに拡大（ペトロホーク・エネルギー買収の51億米ドルや、Olympic Dam銅鉱山とCaval Ridge石炭鉱山への投資、西オーストラリア州の鉄鉱石積出港の拡張にともなう133億米ドルを含む）

　③探鉱費を2011年の10億5000万米ドルから2012年には17億5000万米ドルに増額

　なお、BHPビリトンは2012年に133億米ドルの融資を受ける一方、株主へ59億米ドルの配当金を支払っている。2011年の配当金は51億米ドルであった。BHPビリトンは、負債や財務管理の方針として次の点を指摘している。

　①信用格づけAへの約束

　②資金調達力比率（Debt / Service Ratio ＝負債／資産比率）40％以下

　③融資先の多様化

　④融資の維持とドル現金の保有

　BHPビリトンでは、投資の戦略として、短期的リターンと長期的リターンのバランスを考慮して決定している。2012年の投資案件は短期的リターンの確保であり、純流動資産の減少やマイナスはBHPビリトンの経営力低下とは直接結びついていないと思われる。

図 4-10 資源メジャー 6 社の純資産の推移（2004〜2014年）

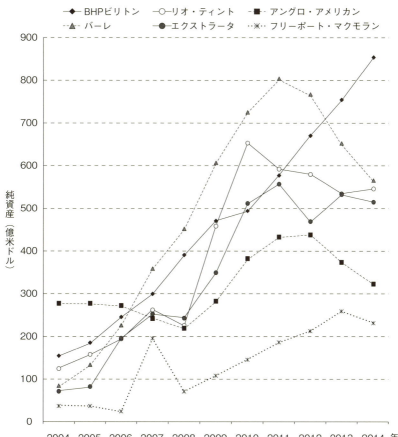

出典：各社年次報告（2004〜2014）にもとづき作成

純資産については、6社の資源メジャーは2009年以降拡大傾向にある。バーレは2012年以降こそやや減少しているが、2011年に801億米ドルを記録した。BHPビリトンは2004年から増加傾向にあり、2014年には854億米ドルに達した。エクストラータ、リオ・ティント、BHPビリトン、バーレの4社の純資産が、2014年は515億～854億米ドルの範囲にあるのとは対照的に、フリーポート・マクモランとアングロ・アメリカンは232億～322億米ドルと低い金額を示している (図4-10)。

　財務分析において、Debt / Equity Ratio（負債／資本比率）があり、負債（または有利子負債）を株主資本で割った数字で示される。負債（Debt）は資本（Equity）で賄えることが望ましいという見方から、長期の支払い能力をみる時に使われる。値が1を上回ると負債が多く、1以下なら資本が多いことになる。2012年のBHPビリトンのDebt / Equity Ratioは0.33であり、健全な財務を示している。

主要資源メジャーにおける過去の資源確保戦略

　資源メジャーにとって、生産コストの安い大型鉱山の確保は、成長戦略において最重要と思われる。そのため、資源分野のサプライチェーンの上流部門である鉱山業で事業を展開する資源メジャーに焦点をあて、探鉱活動・プロジェクト買収・企業買収からの資源確保を量的に、かつ、経済的に分析してみた。資源確保は時間を要するため、2000年代の10年間（2001～2010年）と1990年代の10年間（1992～2001年）を分析の対象とした。なお、分析にあたっては、探鉱データの取得が容易な銅にしぼった。

◉── 2000年代の銅資源確保戦略（2001～2010年）

　探鉱活動はグラスルーツ探鉱・確認探鉱・鉱山周辺探鉱と3段階に区別される。MEG社のデータにもとづき、銅鉱山発見の定義を、①銅量で50

万 t 以上、②経済性調査（F/S 調査）の結果により開発に移行する可能性が高い、という条件を満足するものとした。2001〜2010年の10年間で、54件、銅量 2 億1080万 t が発見されており、そのうち、銅埋蔵量が多い上位10件について明らかにした（表 4-3）。

発見された案件の大半はグラスルーツ探鉱によるものであるが、既存鉱山から100km 以内で発見されたものを確認探鉱とすると、Los Bronces の 6 km 南で発見された Los Sulfatos（1764万 t ）、Esperanza の近くの Telegrafo Sur（989万 t ）、Escondida 近くの Pampa Escondida（800万 t ）、Los Pelambres 周辺の Frontera（750万 t ）などが確認探鉱の成果と言える。

上位10件の銅埋蔵量はすべて500万 t を超える大鉱床である。最大の銅鉱床は、2001年モンゴルの Oyu Tolgoi で発見された Hugo Dummett 鉱床で、銅埋蔵量2529万 t を保有している。Oyu Tolgoi の権益は、アイバンホーとリオ・ティントが66％を、残りの34％をモンゴル政府が保有している。リオ・ティントは、2012年 1 月にアイバンホーの権益51％を確保して、鉱山を操業する立場（オペレーター）にある。なお、Oyu Tolgoi 鉱山からの銅精鉱の生産は、2013年 7 月から開始された。

ノーザン・ダイナスティは米国のアラスカで、2002年に Pebble West（銅埋蔵量847万 t 、金埋蔵量1059 t 、モリブデン埋蔵量91万 t ）を、2004年に Pebble East（銅埋蔵量2239万 t 、金埋蔵量1351 t 、モリブデン埋蔵量116万 t ）をそれぞれ発見した。リオ・ティントは開発に向けた動きを示していたが、2014年 4 月 7 日、保有するノーザン・ダイナスティの全株式をアラスカ州の 2 つの慈善団体に贈与すると発表した。同プロジェクトは、ノーザン・ダイナスティと共同で事業を行っていたアングロ・アメリカンも2013年 9 月に撤退している。アングロ・アメリカンは、2007年に Los Sulfatos（銅埋蔵量1764万 t 、モリブデン埋蔵量24万 t ）を、2005年に San Enrique Monolito（銅埋蔵量729万 t ）を発見し、Los Bronces 鉱山の操業に組み込む計画をしている。

表4-3 探鉱活動によって発見された主要銅鉱床 (2001 ~ 2010年)

プロジェクト名	国　名	発見年	発見企業	埋蔵量 (百万 t)	銅 (%)	モリブデン (%)	金 g/t	埋蔵銅量 (百万 t)
Hugo Dummett (Oyu Tolgoi)	モンゴル	2001	アイバンホー	1,976	1.28	—	0.34	25.29
Pebble East (Pebble)	米国	2004	ノーザン・ダイナスティ	3,860	0.58	0.03	0.35	22.39
Los Sulfatos (Los Bronces)	チリ	2007	アングロ・アメリカン	1,200	1.47	0.02	—	17.64
Telegrafo Sur (Esperanza)	チリ	2001	アントファガスタ	2,603	0.38	0.01	0.19	9.89
Pebble West (Pebble)	米国	2002	ノーザン・ダイナスティ	3,026	0.28	0.03	0.35	8.47
Pampa Escondida (Escondida)	チリ	2008	BHP ビリトン（57.5%） リオ・ティント（30%） 日本連合（12.5%）	1,000	0.80	—		8.00
Frontera (Los Pelambres)	チリ	2007	アントファガスタ（60%） 日本連合（40%）	1,500	0.50	—	0.60	7.50
San Enrique Monolito (Los Bronces)	チリ	2005	アングロ・アメリカン	900	0.81	0.02	—	7.29
Los Azules	アルゼンチン	2005	ミネラ・アンデス	1,027	0.55	—	0.06	5.65
Altar (Quebrada de la Mina)	アルゼンチン	2003	リオ・ティント	1,267	0.42	—	0.06	5.32

出典：MEG（2011）、Raw Materials Group（2011）にもとづき作成

BHPビリトンは、2008年にPampa Escondida（銅埋蔵量800万ｔ）を発見し、2010年にはEscondida鉱山の新規選鉱場で鉱石処理を開始した。

　探鉱活動による銅資源確保については、筆者（2005）が明らかにしたように、鉱山周辺探鉱による銅資源発見がグラスルーツ探鉱によるものより圧倒的に多い。そのため、探鉱活動による銅資源確保には、グラスルーツ探鉱や確認探鉱による新規銅鉱床の発見と鉱山周辺探鉱の３段階すべての探鉱による増加銅量を算出する方法を用いた。この方法は、埋蔵量の増加・累積生産量・プロジェクトや企業買収による権益銅量から算出することが可能である。ただし、各社の年次報告の埋蔵量の記載は稼行鉱山のものに限定されており、新規発見案件の埋蔵量は含まれないのが普通である。そのため、過去に、プロジェクト買収や企業買収によって得た銅鉱山で、稼行中の鉱山に対しては、次の計算式を利用した。

　　探鉱増加銅量＝
　　（2001～2010年の増加埋蔵量）＋（2001～2010年の銅生産量）＋
　　（プロジェクト売却銅量）－（プロジェクト買収銅量）－（企業買収銅量）

　なお、プロジェクト買収や企業買収の案件で、年次報告で埋蔵量を明らかにしていないものについては、分析の対象から外した。

　BHPビリトンの年次報告で紹介されている埋蔵量は、2004年版の豪州JORC規定（豪州鉱石埋蔵量合同委員会：Australian Joint Ore Reserves Committee）に従っている。

　埋蔵量の算定にあたっては、BHPビリトンの長期予測による資源価格や為替レートにもとづいた。さらに、埋蔵量については、既存鉱山や認可された開発予定鉱山だけに限定した。具体的には、2012年の年次報告では、Escondida、Cerro Colorado、Spence、Pinto Valley、Olympic Dam、Antaminaの各鉱山における埋蔵量についてのみ明らかにしている。

95

表 4－4　2000 年代の主要資源メジャーの銅資源確保とコスト（2001～2010年）

探鉱コスト

（単位：銅量 t、探鉱費百万米ドル）

	BHPビリトン	リオ・ティント	アングロ・アメリカン	バーレ	エクストラータ	フリーポート・マクモラン
埋蔵鉱量（2010年）	35,940	25,511	28,116	11,125	20,005	44,453
－ 埋蔵鉱量（2001年）	14,204	26,429	13,709	0	0	15,159
＋ 累積銅生産量（2001-2010年）	10,881	7,918	6,516	1,435	6,034	9,156
＋ プロジェクト売却による銅量	6,676	3,794	2,734	0	2,536	0
＋ プロジェクト買収による銅量	0	0	9,348	4,473	2,114	2,517
－ 企業買収による獲得銅量	17,072	2,560	0	2,677	14,808	24,953
探鉱活動による増加銅量　(a)	22,221	8,234	14,309	5,410	11,653	10,980
2001-2010年銅探鉱費　(b)	715	612	428	656	670	549
探鉱コスト　(b/a)	32米ドル/t	74米ドル/t	30米ドル/t	121米ドル/t	57米ドル/t	50米ドル/t

プロジェクト売却価格

売却プロジェクト （売却年、権益%）	売却額 （百万米ドル）	埋蔵量 （百万t）	品位 （銅%、金 g/t）	権益銅量 （千t）	売却価格 （米ドル/t）	売却先
BHPビリトン	1,132			6,676	170	
Agua Rica　　（2003年、72%）	13	1,010	0.49%、0.23g/t	3,564	4	ノーザン・オリオン
Alumbrera　　（2003年、25%）	180	427	0.45%、0.48g/t	480	375	ウィートン/オリオン
Robinson　　（2003年、100%）	14	134	0.68%、0.23g/t	911	15	クアドラ
Highland Valley（2003年、33.6%）	73	355	0.35%	417	175	テック
Tintaya　　（2006年、100%）	852	107	1.22%、0.13g/t	1,304	653	エクストラータ
リオ・ティント	1,260			3,794	332	
Alumbrera　　（2003年、25%）	180	427	0.45%、0.48g/t	480	375	ウィートン
Sepon　　（2004年、20%）	85	18	4.60%、1.60g/t	161	528	オキシアーナ
Neves Corvo　（2004年、49%）	86	74	1.27%	460	187	ユーロ・ジンク
Grasberg　　（2004年、11.9%）	882	2,014	1.04%、1.08g/t	2,517	350	フリーポート・マクモラン
Cerro Colorado（2007年、51%）	27	54	0.64%	176	153	EMEDマイニング
アングロ・アメリカン	301			2,734	110	
Salobo　　（2002年、50%）	51	499	0.96%、0.52g/t	2,395	21	リオ・ドセ
Hudson Bay　（2004年、100%）	250	16.4	2.07%	339	737	ハドソン・ベイ・ミネラルズ
エクストラータ	534			2,536	211	
El Pilar　　（2006年、100%）	21	230	0.31%	713	29	スティングレイ・カッパー
El Morro　　（2010年、70%）	513			1,823	281	ゴールド・コープ
合計	3,227			15,740	205	

プロジェクト買収コスト

買収プロジェクト（買収年、権益%）	買収額（百万米ドル）	埋蔵量（百万t）	品位（銅%、金g/t）	権益銅量（千t）	買収コスト（米ドル/t）	買収先
アングロ・アメリカン	1,000			9,348	107	
Disputada （2002年、100%）	1,000	984	0.95%	9,348	107	エクソンモービル
バーレ	94			4,473	21	
Sossego （2001年、50%）	43	196	1.06%, 0.38g/t	2,078	21	フェルプス・ドッジ
Salobo （2002年、50%）	51	499	0.96%, 0.52g/t	2,395	21	アングロ・アメリカン
エクストラータ	973			2,114	460	
Las Bambas （2004年、100%）	121	87	0.93%	810	149	ペルー政府
Tintaya （2006年、100%）	852	107	1.22%, 0.13g/t	1,304	653	BHPビリトン
フリーポート・マクモラン	882			2,517	350	
Grasberg （2004年、11.9%）	882	2,014	1.04%, 1.08g/t	2,517	350	リオ・ティント
合計	2,949			18,452	160	

企業買収コスト

買収企業（買収年、権益%）	買収額（百万米ドル）	買収銅鉱山	権益銅量（千t）	買収コスト（米ドル/t）
BHPビリトン	7,836		17,072	459
ビリトン （2001年）	3,936		5,392	730
WMCリソーシズ （2005年）	3,900	Olympic Dam	11,680	334
リオ・ティント	2,960		2,560	1,156
アイバンホー （2006年、19.7%）	691	Oyu Tolgoi	916	754
アイバンホー （2010年、20.9%）	2,269	Oyu Tolgoi	1,644	1,380
バーレ	17,300		2,677	6,462
インコ （2006年、100%）	17,300		2,677	6,462
エクストラータ	20,610		14,808	1,392
MIM （2003年、100%）	1,800		4,333	415
ファルコンブリッジ （2005年、19.9%）	1,710		2,082	821
ファルコンブリッジ （2006年、80.2%）	17,100		8,393	2,037
フリーポート・マクモラン	25,900		24,953	1,038
フェルプス・ドッジ （2006年、100%）	25,900		24,953	1,038
合計	74,606		62,070	1,202

出典：各社年次報告（2001～2011）、MEG（2011）などをもとにとうき作成

注1：リオ・ティントのLa GranjaとPebbleの買収にともなう埋蔵量は、年次報告に加算されていない。

注2：アングロ・アメリカンは、2001年 Kolwezi Tailings（30%）を1,015億米ドルで買収し、2002年に350万米ドルで売却

注3：アングロ・アメリカンは、2001年 Boyongan（10%）を2000万米ドルで買収し、2008年に権益50%を5500万米ドルで売却。年次報告にはその埋蔵量を明確化していないため、埋蔵量の増減は計算していない。

算出の結果、2001〜2010年の10年間において、各資源メジャーが探鉱活動で獲得した銅量は、バーレの541万 t から BHP ビリトンの2222万 t の範囲にあった。

　プロジェクトや企業買収による銅量確保は、権益比率にもとづき算出した。プロジェクト買収においては、BHP ビリトンとリオ・ティントは案件がなかった。その他の4社では、エクストラータの211万 t からアングロ・アメリカンの935万 t の範囲であった。

　企業買収による獲得銅量は、企業買収をしなかったアングロ・アメリカンを除いて、残りの5社は、リオ・ティントの256万 t からフリーポート・マクモランの2495万 t の範囲にある。フリーポート・マクモランは2006年に買収したフェルプス・ドッジが大きく貢献している。

　2001〜2010年の10年間で確保した銅量は、探鉱活動・プロジェクト売却・プロジェクト買収・企業買収別に各社ごとに明らかにしている。さらに、獲得するために要した費用やコストについてもまとめた (表4-4)。

　図4-11に、資源メジャー6社が2001〜2010年の10年間で獲得した銅量を、探鉱活動・プロジェクト買収・企業買収ごとに示した。6社ともそれぞれの手法が組み合わされており、探鉱活動により最大の銅量を獲得したのが BHP ビリトン（2222万 t）、プロジェクト買収によるものが最大だったのがアングロ・アメリカン（935万 t）、企業買収によるものが最大なのがフェルプス・ドッジを買収したフリーポート・マクモラン（2495万 t）であった。獲得銅量が最大なのは、BHP ビリトンの3929万 t であり、探鉱活動（57%）と企業買収（43%）により獲得した。最少はリオ・ティントの1079万 t であり、探鉱活動（76%）と企業買収（24%）であった。

　資源メジャー6社の2001〜2010年における探鉱増加銅量・プロジェクト買収および売却量・企業買収量とともに、それに要したコストについては次式により求めた。

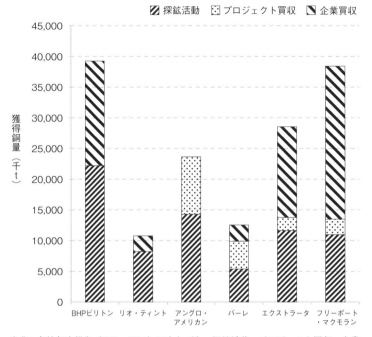

図4-11 資源メジャー6社の銅資源確保の戦略(2001~2010年)

出典:各社年次報告(2001~2011)にもとづき、探鉱活動・プロジェクト買収・企業買収による獲得銅量を算出

① グラスルーツ探鉱・確認探鉱・鉱山周辺探鉱にもとづく探鉱コスト (b／a) ＝2001~2010年銅探鉱費(b)／増加銅量(a)

なお、増加銅量＝埋蔵鉱量の差(2010~2001年)＋累積銅生産量(2001~2010年)＋プロジェクト売却銅量－プロジェクト買収銅量－企業買収銅量

② 売却価格＝銅鉱床売却価格／権益銅量
③ 買収コスト＝銅鉱床買収額／権益銅量
④ 企業買収コスト＝企業買収額／権益銅量

探鉱コストについては、アングロ・アメリカンの30米ドル／tからバー

図4-12 資源メジャー6社の銅探鉱コスト (2001～2010年)

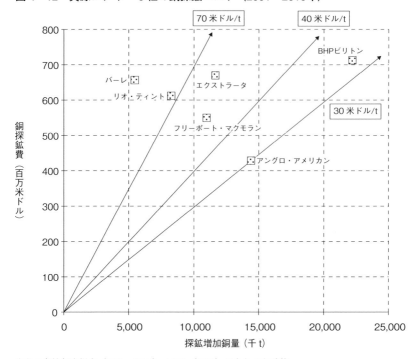

出典：各社年次報告 (2001～2011)、MEG (2011) にもとづき計算
注：グラスルーツ探鉱・確認探鉱・既存鉱山周辺探鉱による獲得銅量を計算により求め、2001
　～2010年の銅探鉱費を探鉱活動による増加銅量で割った数字を探鉱コストとした

レの121米ドル/tの範囲であり（図4-12）、6社銅探鉱費を増加銅量で割った加重平均探鉱コストは50米ドル/tである。この探鉱コストは、2013年7月の銅価格（6906米ドル/t）の0.72％でしかない。

　プロジェクト買収コストは、バーレの21米ドル/tからエクストラータの460米ドル/tの範囲であり（図4-13）、6社の買収額の合計を権益銅量で割った加重平均買収コストは160米ドル/tである。バーレの買収コストが安い要因として、買収時期が銅価格の低迷した2001～2002年であったこと、探鉱パートナーであるフェルプス・ドッジとアングロ・アメリカンの撤退

図4-13 主要資源メジャーの銅プロジェクト買収コスト (2001〜2010年)

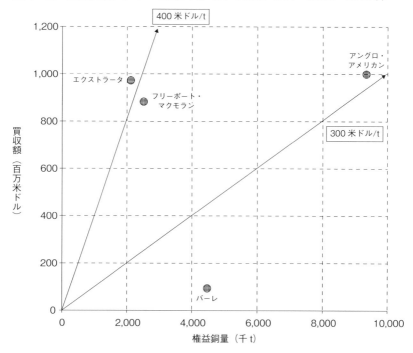

出典：各社年次報告（2001〜2011）、MEG（2011）にもとづき計算
注：2001〜2010年に銅プロジェクトを買収した4社に対し、買収額を権益銅量で割った数字を買収コストとした

にともなう有利な売却であったことが指摘される。4社の加重平均買収コストは2013年7月の銅価格の2.32%であり、探鉱コストよりも格段に高い数字となっている。

　企業買収については、鉱業活動のグローバル化やカントリーリスクの低い国での資産確保、生産コスト削減を目的とした統合や再編のために行われており、コスト以外にも戦略的な要因で行われている。さらに、企業買収は銅資源の確保だけでなく、銅以外の金属分野への進出や、人的資源やノウハウの確保など多目的であり、コストだけで測ることができない。あ

図4-14 主要資源メジャーの企業買収コスト（2001～2010年）

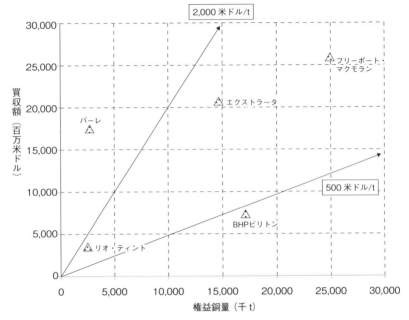

出典：各社年次報告（2001～2011）、MEG（2011）にもとづき計算
注：企業買収コストの算出にあたり、企業買収額を権益銅量で割って求めたが、銅以外の副産物（金・モリブデンなど）は考慮していない。さらに、企業買収にともなう設備・機械・人的資源も計算から除外しており、あくまでも参考データである

くまでも参考データとした企業買収コストは、BHPビリトンの459米ドル/tからバーレの6462米ドル/tの範囲であり（図4-14）、企業買収のなかったアングロ・アメリカンを除く5社の買収額の合計を権益銅量で割った加重平均企業買収コストは1202米ドル/tであった。この数字は、2013年7月の銅価格の17%である。

● ── 1990年代の銅資源確保戦略（1992～2001年）

主要資源メジャーにおける銅資源確保について、1992～2001年の10年間を調べてみた。手法的には、2001～2010年の10年間と同じであるが、資源

メジャーのうちエクストラータとバーレは銅事業の展開を行っていなかったため対象から外した。調査対象の資源メジャーは、多角事業化を進めている3社（BHPビリトン、リオ・ティント、アングロ・アメリカン）と、銅部門に特化した4社（コデルコ、フェルプス・ドッジ、フリーポート・マクモラン、グルポ・メヒコ）の合計7社である。なお、銅部門に特化した資源メジャーのうち、コデルコ、フェルプス・ドッジ、グルポ・メヒコの3社は鉱山業から製錬までの垂直一貫生産を行っている。

　資源メジャー7社が、1992～2001年の10年間で、探鉱活動・プロジェクト買収・企業買収により獲得した銅量とコストについて解析した（表4-5）。

　探鉱活動による銅資源確保が最大だったのがコデルコの4353万tであり、最少はアングロ・アメリカンの811万tであった。コデルコの獲得銅量は、世界最大級の銅鉱山GrasbergやChuquicamataの銅埋蔵量（2400万～2900万t）と比較しても、その規模の大きさが明らかである。コデルコとフリーポート・マクモランの銅資源確保が探鉱活動に100％依存する一方、グルポ・メヒコはアサルコの買収によって、2399万tの銅資源確保に成功した。

　鉱業活動の地域が限定されるコデルコとフリーポート・マクモランの2社が探鉱活動により資源の確保を進めた一方、BHPビリトンとリオ・ティントはプロジェクト買収により資源を確保したものの、量的には91万tと354万tと比較的小さいものであった。ただ、リオ・ティントは、1995年に5億2500万米ドルを支払って、Grasbergの権益12.2％を取得し、この買収によってインドネシアに基盤を確立するとともに、1996年のKucing Liar銅鉱床の発見をもたらした。さらに、1998年にはGrasbergの拡張計画（処理能力20万t/日、総投資額10億米ドル）の初期投資7.5億米ドルと融資により、Grasberg Expansionの権益40％を確保し、イリアンジャヤにおける足場を確立した。

　プロジェクト買収の明確な戦略例としては、El Abra鉱山が良い例である。酸化銅鉱石を硫酸に浸出させ、その浸出液から銅金属を回収する溶媒

表4-5 1990年代の主要資源メジャーの銅資源確保とコスト (1992〜2001年)

探鉱コスト

(単位：銅量千t、探鉱費百万米ドル)

	BHPビリトン	リオ・ティント	アングロ・アメリカン	フリーポート・マクモラン	フェルプス・ドッジ	グルポ・メヒコ	コデルコ
埋蔵鉱量 (2001年)	19,200	22,437	18,174	17,872	25,100	46,658	79,721
− 埋蔵鉱量 (1992年)	7,466	10,806	1,149	9,480	10,099	11,762	51,535
＋ 累積銅生産量 (1992−2001年)	7,018	7,424	2,223	4,939	7,328	4,188	13,570
＋ プロジェクト売却による銅量	72	1,873	0	11,187	4,823	0	1,774
＋ プロジェクト買収による銅量	908	3,538	1,164	0	1,955	1,811	0
− 企業買収による獲得銅量	7,155	1,184	9,978	0	11,042	23,991	0
探鉱活動による増加銅量 (a)	10,761	16,206	8,106	24,518	14,155	13,282	43,530
1992−2001年銅探鉱費 (b)	403	532	233	240	351	104	181
探鉱コスト (b/a)	37米ドル/t	33米ドル/t	29米ドル/t	10米ドル/t	25米ドル/t	8米ドル/t	4米ドル/t

プロジェクト売却価格

売却プロジェクト (売却年、権益%)	売却額 (百万米ドル)	埋蔵量 (百万t)	品位 (銅%、金g/t)	権益銅量 (千t)	売却価格 (米ドル/t)
BHPビリトン	10			80	125
Eloise (1994年、100%)	10	2	3.8%、1.04g/t	80	125
リオ・ティント	64			1,877	34
Las Cruces (1999年、100%)	42	16	6.00%	960	44
Sepon (1999年、80%)	22	98	1.17%、3.43g/t	917	24
フェルプス・ドッジ	111			4,815	23
Candelaria (1992年、20%)	40	393	1.06%、0.26g/t	833	48
Kansanshi (2001年、80%)	28	267	1.28%、0.16g/t	2,734	10
Sossego (2001年、50%)	43	219	1.14%、0.34g/t	1,248	34
コデルコ	330			1,774	186
El Abra (1994年、51%)	330	773	0.45%	1,774	186
合計	515			8,546	60

プロジェクト買収コスト

買収プロジェクト (買収年、権益%)		買収額 (百万米ドル)	埋蔵量 (百万t)	品位 (銅%、金 g/t)	権益銅量 (千t)	買収コスト (米ドル/t)
BHPビリトン		140			908	154
Ok Tedi	(1993年、30%)	140	344	0.88%, 0.96g/t	908	154
リオ・ティント		537			3,538	152
Grasberg	(1995年、12.2%)	525	2,475	1.13%, 1.05g/t	3,412	154
Palabora	(1998年、7.5%)	12	244	0.69%	126	95
アングロ・アメリカン		192			1,013	190
Kolwezi Tailings	(1999年、30%)	102	125	1.34%	503	203
Nchanga, Konkola	(1999年、33%)	90	55	2.81%	510	176
Boyongan	(2001年、10%)					
フェルプス・ドッジ		155			1,995	78
Sanchez	(1995年、100%)	40	381	0.29%	1,105	36
Continental	(1998年、100%)	115	278	0.32%	890	129
グルポ・メヒコ		122			1,811	67
Cananea	(1997年、15.4%)	122	2,800	0.42%	1,811	67
合計		1,146			9,265	124

企業買収コスト

買収企業 (買収年)		買収額 (百万米ドル)	買収銅鉱山	権益銅量 (千t)	買収コスト (米ドル/t)
BHPビリトン				7,160	613
マグマ・カッパー	(1996年)	4,387	San Manuel etc (2鉱山)	4,124	776
リオ・アルゴム	(2000年)	1,187	Alumbrera etc (3鉱山)	3,036	391
リオ・ティント				1,184	2,111
ノース	(2000年)	2,500	Northparks etc (2鉱山)	1,184	2,111
アングロ・アメリカン				1,564	59
ミノルコ	(1999年)	92	Quellaveco etc (2鉱山)	(8,414)	未公表
マントス・ブランコス	(2000年)	合併		1,564	59
フェルプス・ドッジ				11,042	299
サイプラス・アマックス	(1999年)	3,300	El Abra etc (5鉱山)	11,042	299
グルポ・メヒコ				23,991	92
アサルコ	(1999年)	2,200	Mission etc (7鉱山)	23,991	92
合計		12,479		44,941	278

出典：各社年次報告 (1992～2002)、などにもとづき作成

抽出電解法（SX-EW法と呼ばれる）が1960年代に開発された。この技術を適用させて、銅の低コスト生産が期待されるEl Abra鉱山は、1993年に企業合併を終えたばかりのサイプラス・アマックスの資源戦略（生産コストの削減と銅資源確保）の、格好の買収プロジェクトであった。そのため、コデルコによるEl Abra（権益51％）の国際入札では、サイプラス・アマックスとカナダのラック・ミネラルズが4億400万米ドルで応札した。この応札額は第2位のBHPビリトンとマグマ・カッパーより2億2000万米ドルも高い破格の入札であった。1994年にラック・ミネラルズが脱落し、サイプラス・アマックスはEl Abra鉱山の権益51％を取得した。

　企業買収による銅資源確保は、リオ・ティントの118万tからグルポ・メヒコの2399万tまでと幅がある。企業の合併や買収の目的として、政治経済や地質環境の異なる地域における鉱業活動のグローバル化、技術開発に必要な研究開発（R&D）の予算確保や、大規模鉱山開発の資金調達のための大型化などが指摘されるであろう。

　企業の大型化は、同時に、企業買収からの防御策にもなる。さらに、M&Aはリスクの高い探鉱活動の削減にもなる。世界の鉱業界は、金属価格が低迷した時期に、鉱業活動のグローバル化を推進するとともに、生産コスト削減のための統合や再編を進めた。

　1996年のRTZコーポレーションとCRAの合併、2000年のリオ・ティントによる豪州の大手企業、ノースの買収、2001年のBHPとビリトンの合併は、豪ドル安時に行われており、優良な豪州企業を安値で買収する絶好の機会であった。BHPとビリトンの合併は、鉱種や事業対象地域に重複がなく、相互補完関係による強力な資源開発企業の誕生でもあった。また、ペルーのTintayaとチリのEscondidaを保有するBHPと、2000年のリオ・アルゴム買収によりチリのCerro Colorado、ペルーのAntamina、アルゼンチンのAlumbreraを保有するビリトンの合併は、南米における銅生産拠点の確立を意味する。フェルプス・ドッジのサイプラス・アマックスの買収は、米国における銅鉱業の集約ばかりでなく、ペルーのCerro

図4-15 1990年代の主要資源メジャーによる銅資源確保（1992〜2001年）

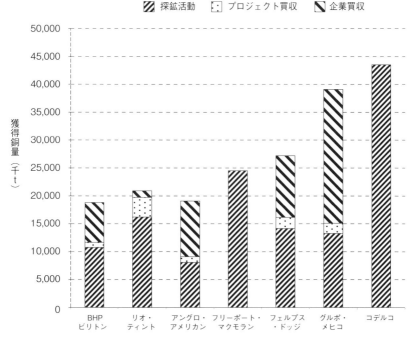

出典：各社年次報告（1992〜2002）にもとづき計算

VerdeやチリのEl Abraの権益確保による南米の生産拠点の確立にも役立った。

図4-15に、1992〜2001年の10年間に、探鉱活動・プロジェクト買収・企業買収によって得られた銅量について各社ごとに示す。銅資源確保の戦略については、以下のようなグループに分けることができる。

①フリーポート・マクモランとコデルコは探鉱活動によって100％の銅資源を確保した。フリーポート・マクモランはBig GossanやKucing Liarの発見や既存鉱山の周辺探鉱により2452万tを、コデルコはMansa MinaやGaby Surの発見や周辺探鉱によって4353万tをそれぞれ確保

107

している。

②リオ・ティントは探鉱活動により銅資源の77％を、プロジェクト買収によって17％を、企業買収によって6％をそれぞれ獲得している。探鉱活動では、Sepon、Las Cruces、Kucing Liar の発見や既存鉱山の周辺探鉱により1621万 t を、プロジェクト買収（Grasberg の権益12.2％、Palabora の権益7.5％）によって354万 t を、企業買収（ノース）によって118万 t を確保している。

③BHP ビリトンとフェルプス・ドッジの2社は、探鉱活動により銅資源の約55％を、プロジェクト買収により約5％を、企業買収により約40％を確保した。BHP ビリトンの場合は Agua Rica、Corocohuayco、Antapaccay の新規発見と既存鉱山の周辺探鉱により1076万 t を、プロジェクト買収（Ok Tedi の権益30％）により91万 t を、企業買収（マグマ・カッパーとリオ・アルゴム）により716万 t を確保している。フェルプス・ドッジは探鉱活動により1416万 t を、プロジェクト買収（Sanchez、Continental）により200万 t を、企業買収（サイプラス・アマックス）で1104万 t をそれぞれ確保した。

④アングロ・アメリカンとグルポ・メヒコは、50％以上を企業買収、40％前後を探鉱活動、残りの10％弱をプロジェクト買収により確保した。アングロ・アメリカンは探鉱活動により811万 t を、プロジェクト買収（Kolwezi Tailings の権益30％、Nchanga と Konkola の権益33％）により101万 t を、企業買収（ミノルコの権益53.5％、マントス・ブランコスの権益22.65％）により998万 t を確保した。アングロ・アメリカンの企業買収の中で、従来は海外探鉱の子会社であったミノルコを1999年に合併したことが大きく影響している。グルポ・メヒコは探鉱活動により1328万 t を、プロジェクト買収（Cananea の権益15.4％）により181万

ｔを、企業買収（アサルコ）により2399万ｔをそれぞれ確保した。

◉ ── 銅資源確保の変化（1990年代vs2000年代）

　MEG社は、アンケート調査により得られた、世界の非鉄金属探鉱予算
（金・ベースメタル・白金族金属・ダイヤモンドなど）を発表している。
MEGデータによると、世界の非鉄金属探鉱予算は、1997年の52億米ドル
のピークを除くと、資源価格が低迷していた1990年代は20億〜46億米ドル
で推移していた。資源価格の高騰が始まった2005年以降、急激に増加して、
2008年には138億米ドルに達した。リーマンショック後の2009年には、前
年比42％も減少したが、2010年以降再び上昇に転じて、2012年には205億
米ドルと過去最高の水準に達した。探鉱活動の主な主体は、ジュニアと呼
ばれる探鉱専門の会社と資源メジャーである。資源メジャー6社の2001〜
2010年の10年間における銅探鉱費の推移を**図4−16**に示す。資源価格が高
騰した2007年以降に銅探鉱費は急激に増加したが、その多くは、確認探鉱
や鉱山周辺探鉱といった後期の段階の探鉱に向けられている。
　なお、各資源メジャーの探鉱戦略については以下のように整理される。

①BHPビリトン
　売上高世界第1位の多角化をとげた資源メジャー。銅鉱山生産は2012年
で世界第3位にランク。2001〜2010年の10年間の銅探鉱費は7億1500万米
ドルと資源メジャー中最大の金額である。その内訳は、グラスルーツ探鉱
（42％）・確認探鉱（12％）・鉱山周辺探鉱（46％）となっている。

②リオ・ティント
　売上高世界第2位の多角的資源経営を展開。銅鉱山生産は2012年で世界
第7位。2001〜2010年の10年間の銅探鉱費は、6億1200万米ドルと6社中
4位であった。その探鉱の内訳は、グラスルーツ（45％）・確認（24％）・
周辺（31％）と、リスクの高いグラスルーツの探鉱を重視している。

図4-16 資源メジャー6社の銅探鉱費（2001～2010年）

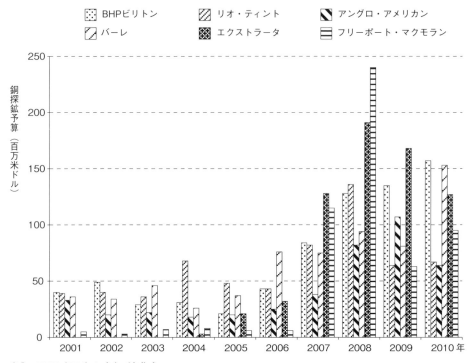

出典：MEG（2011）にもとづき作成
注：2007年以降、発見の可能性が高い確認探鉱や鉱山周辺探鉱といった後期の段階の探鉱に向けられる

③アングロ・アメリカン

　売上高世界第4位の資源メジャーであるが、南アフリカにおける資産の比率が高い。銅鉱山生産は2012年で世界第6位。銅部門を含むベースメタル・鉄鉱石・白金族金属・石炭の高収益事業をコアと位置づけ、不採算部門を売却。2001～2010年の10年間で銅探鉱費は4億2800万米ドルであり、6社中最下位であった。その探鉱費の内訳は、グラスルーツ（38％）・確認（32％）・周辺（30％）であった。2001～2007年まではグラスルーツ探鉱が主体であったが、2008年以降は後期の段階の探鉱が拡大した。

④バーレ

　鉄鉱石供給を目的とした国営企業として1942年にスタートしたが、1990
年代には株式売却による民営化を断行するとともに、2006年にはインコを
買収した。2012年には売上高世界第3位、銅鉱山生産世界第10位の資源メ
ジャーに躍進。2001～2010年の10年間での銅探鉱費は6億5600万米ドルで
あり、その内訳は、グラスルーツ（58％）・確認（39％）・周辺（3％）と、
グラスルーツ探鉱が主体である。

⑤エクストラータ

　エクストラータの最大株主（40％）のグレンコア・インターナショナル
（本社スイス）をバックに企業買収により急成長をとげており、売上高世
界第5位、銅鉱山生産世界第4位の資源メジャーである。エクストラータ
の歴史は新しく、2003～2006年の間、探鉱活動（5％）、プロジェクト買
収（12％）、企業買収（83％）により銅資源を確保。本格的な銅探鉱活動
は2005年以降であり、2005～2010年で、6億7000万米ドルとBHPビリト
ンに次ぐ金額を投入した。その内訳は、グラスルーツ（1％）・確認（82
％）・周辺（17％）と、後期の段階の探鉱に力点を置いている。

⑥フリーポート・マクモラン

　銅事業に特化した資源メジャーであり、フェルプス・ドッジの買収によ
り、コデルコに次いで世界第2位の銅生産を誇る。フェルプス・ドッジを
含めた2001～2010年の10年間での銅探鉱費は5億4900万米ドルであった。
その内訳は、グラスルーツ（24％）・確認（17％）・周辺（59％）である。

● ―― **各コストの比較**

　探鉱コストを1990年代と2000年代で比較すると以下のようになる。
　　1990年代探鉱コスト
　　　＝7社合計の銅探鉱費／銅探鉱活動による獲得銅量

図4-17 主要資源メジャーの銅探鉱コスト (1990年代 vs 2000年代)

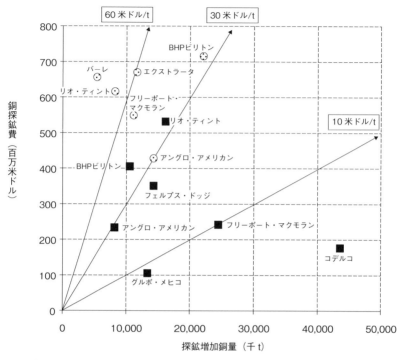

出典：各社年次報告（1992～2014）にもとづき計算
注1：丸印は2001～2010年、四角印は1992～2001年の探鉱コストを示す
注2：加重平均による銅探鉱コストは、1990年代の16米ドル/tから2000年代の50米ドル/tに上昇

=20億4400万米ドル／1億3056万 t

=15.7米ドル/ t

2000年代探鉱コスト

= 6社合計の銅探鉱費／銅探鉱活動による獲得銅量

=36億3000万米ドル／7280万7000 t

=49.9米ドル/ t

2000年代の探鉱コストは、1990年代の3倍も高くなっており、探鉱活動による発見量の減少と発見率の低下が指摘される。各社ごとの探鉱コスト

についても、2000年代のアングロ・アメリカンの30米ドル/ t と BHP ビリトンの32米ドル/ t の例外を除き、残りの4社では50～121米ドル/ t に高騰している（図4-17）。

　プロジェクト買収コストについて、1990年代と2000年代を比較すると以下のようになる。

　　　1990年代買収コスト　＝　買収額／権益銅量
　　　　　　　　　　　　　　＝　11億4600万米ドル／926万5000 t
　　　　　　　　　　　　　　＝　123.7米ドル/ t
　　　2000年代買収コスト　＝　29億4900万米ドル／1845万2000 t
　　　　　　　　　　　　　　＝　159.8米ドル/ t

　2000年代のプロジェクト買収コストは、1990年代に比べて29％高くなっているが、各社ごとのプロジェクト買収コストでは、2000年代のバーレが21米ドル/ t と異常に安い実績が明らかとなった（図4-18）。
　銅価格の推移とプロジェクト買収コストの関係は以下の通りである。

①価格が低迷した1999～2002年
　アングロ・アメリカンは、1999年にコンゴ（DRC）の Kolwezi Tailings の権益30％を203米ドル/ t で、ザンビアの Nchanga と Konkola の権益33％を176米ドル/ t で取得後、2000年にチリのマントス・ブランコス（買収コストは59米ドル/ t ）、2002年にはチリの Disputada（107米ドル/ t ）をそれぞれ買収したが、銅価格の低迷により安価な買収劇であった。2000年にCEOに就任したトニー・トラハーが、南アフリカに集中していた事業の多様化と多角化を推進した時期でもある。この結果、事業収益の74％を占めていた南アフリカの事業を2004年には3分の1に減少させた。価格低迷期の買収であり、安い買収コストにより、カントリーリスクの高い南ア

113

図4−18 主要資源メジャーの銅プロジェクト買収コスト（1990年代 vs 2000年代）

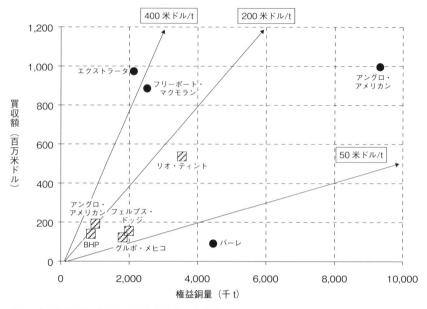

出典：各社年次報告（1992〜2014）にもとづき計算
注1：丸印は2001〜2010年、四角印は1992〜2001年の銅買収コストを示す
注2：加重平均による買収コストは、1990年代の124米ドル/tから2000年代の160米ドル/tに上昇

フリカからの脱皮に成功した。

　バーレの前身であるリオ・ドセは、2001年6月にニューヨーク証券取引所に上場するなど、グローバル化への推進を行っていた。2001年にフェルプス・ドッジから買収したブラジルのSossego（買収コスト21米ドル/t）、2002年にアングロ・アメリカンから買収したブラジルのSalobo（買収コスト21米ドル/t）はともに、探鉱のパートナーであるフェルプス・ドッジとアングロ・アメリカンが銅価格低迷による撤退時に売却したため、きわめて安い買い物であった。

②価格が高騰した2005年以降

　エクストラータにとって2005年以降の金属価格の高騰は多額のキャッシュフローをもたらし、企業買収の財源となった。2005〜2006年に総額188億米ドルを投じたファルコンブリッジの買収は、価格高騰のため高い買い物であったが、1048万 t の銅を確保することに成功し、2012年銅鉱山生産（74万7000 t ）で世界第４位に躍進する原動力となった。

　リオ・ティントは、モンゴルの Oyu Tolgoi を1156米ドル／t で買収したが、副産物の金はこの買収コストの算定に考慮されていない。大型の優良銅鉱山の Oyu Tolgoi は2013年から生産が開始されたが、世界でも有数の鉱山の確保はリオ・ティントにとって期待されるプロジェクトである。リオ・ティントはさらに、ペルーの La Granja を買収しているが、これはパイプラインプロジェクトとして、将来の銅生産拡大に通じる買い物である。

　企業買収コストについても、各資源メジャーの1990年代と2000年代を比較した（図4-19）。各社加重平均による企業買収コストについて、参考までに1990年代と2000年代を比較すると以下のようになる。

$$
\begin{aligned}
\text{1990年代買収コスト} \quad &= \quad \text{買収額／権益銅量} \\
&= \quad \text{124億7900万米ドル／4494万1000 t} \\
&= \quad \text{278米ドル／t} \\
\text{2000年代買収コスト} \quad &= \quad \text{746億600万米ドル／6207万 t} \\
&= \quad \text{1202米ドル／t}
\end{aligned}
$$

　1990年代における企業買収額は、9200万〜33億米ドルの規模であったが、銅価格が高騰した2000年代には、173億〜259億米ドルと急上昇している。企業買収については、銅資源確保だけに着目し、金・モリブデン・ニッケルといった副産物は計算から除いている。さらに、企業買収にともなう設備や人的資源も計算に入れていないため、あくまでも参考程度である。しかし、資源価格の高騰が買収金額にも影響を与えたことは事実であり、大

115

図4-19 主要資源メジャーの企業買収コスト（1990年代 vs 2000年代）

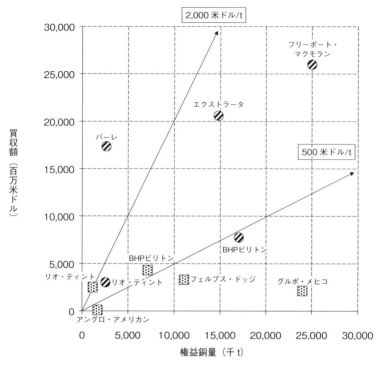

出典：各社年次報告（1992～2014）にもとづき計算
注1：丸印は2001～2010年、四角印は1992～2001年の買収コストを示す
注2：加重平均による企業買収コストは、1990年代の278米ドル/tから2000年代の1202米ドル/tに上昇

型企業の買収は資源メジャーにとっても、大きなリスクがともなう決断である。リオ・ティントは、2007年に380億米ドルを投じてカナダのアルミ企業アルキャンを買収した。買収後、金融危機による金属価格低下により資産価値が下落し、多額の評価損をもたらした。その結果、2008年下期に88億米ドルの減損を計上し、厳しい財政難を余儀なくされた。資源価格が乱高下する時代における大型企業買収には常に不確定要素がある。

資源メジャーの成長戦略

◉── 資源メジャーの既存鉱山・拡張計画・新規鉱山開発の動向

　世界には数多くの銅鉱山がある。しかしながら、世界の銅鉱山生産に貢献しているのはかぎられた大型銅鉱山である。例えば、筆者（2006）は、2004年の銅生産上位25鉱山の生産量（790万ｔ）は、世界生産量（1450万ｔ）の55％に達することを明らかにした。これら上位25鉱山はすべて、年間銅生産量が10万ｔを超えている。上位20鉱山にかぎれば、2010年には世界生産量の41％、2011年には44％も占めている。2011年における上位10鉱山はすべて銅生産量が30万ｔを超えており、世界の24％を占めている。

　2014年のデータにもとづく、2013年における世界の主要銅鉱山の分布を図4-20に示す。南米のチリで多くの大型銅鉱山が操業されていることがわかる。

　銅部門をコア事業としている資源メジャーにとって、寿命が長くて生産コストが安い優良な大型鉱山を確保するのは最も重要なことである。さらに、持続可能な生産のため、短期的には既存鉱山の拡張計画を、長期的には新規の大型銅鉱山開発案件を有することが不可欠である。そのため、資源メジャー６社について、年次報告のデータを中心として、現在保有している主要な既存鉱山、既存鉱山の拡張計画、さらにパイプラインプロジェクトとしての新規鉱山開発についてまとめた（表4-6）。既存鉱山における2010～2012年の３年間の銅鉱山生産量は、各社の年次報告にもとづいている。2013年以降の銅鉱山生産量は、2010～2012年の３年間のうち、最少生産量を除く残り２年間の生産量の平均値を採用した。この計算の根拠として、最近の鉱山操業において鉱山スト・地滑り・水害などの不可抗力（フォース・マジュール）の発動がみられることから、例外的な生産低下の影響を取り除くためである。

図4-20 世界の主要銅鉱山の分布と生産実績（2013年）

出典：各社年次報告（2014）にもとづき作成

　鉱山開発にはリスクがともなうため、資源メジャーといえどもJVによる開発が主流である。そのため、権益銅量で年産10万t以上を対象とした。資源メジャー6社は、権益分生産量で10万tを超える複数の銅鉱山を保有している。例えば2013年、BHPビリトンは、Escondida（権益57.5％）、Olympic Dam（権益100％）、Spence SXEW（権益100％）、Antamina（権益33.8％）の4鉱山を保有している。リオ・ティントは、Escondida（権益30％）、Bingham Canyon（権益100％）の2鉱山、アングロ・アメリカンも、Collahuasi（権益44％）、Los Bronces（権益50.1％）の2鉱山を保有している。バーレは、Sossego（権益100％）の1鉱山のみである。エクストラータは、Mount Isa（権益100％）、Collahuasi（権益44％）、Antamina（権益34％）の3鉱山を保有している。フリーポート・マクモランは、GrasbergのPT Freeport（権益91％）、Morenci（権益85％）、

Cerro Verde（権益54%）、Candelaria（権益80%）の4鉱山を保有している。

　これらの大型銅鉱山の維持は、将来の銅生産にも大きく貢献するが、短期的ならびに長期的な銅資源確保量を追加することが重要である。短期的な銅資源の確保として、既存大型銅鉱山の拡張計画が指摘される。拡張計画には大量の資金が必要であるが、新規開発に比べてそのリスクは低く、かつ、近い将来の資源確保を保証するものである。権益ベースで10万 t を生産している既存鉱山の多くは、拡張計画の対象となっている。

　資源メジャーの成長戦略にとって、将来の大型有望鉱山の新規鉱山開発案件を確保することは重要であり、これらはパイプラインプロジェクトと呼ばれている。BHP ビリトンでは、Resolution（権益45%）がパイプラインプロジェクトであり、地下2100m と深いため坑内掘りとなるが、資源量16億 t、銅品位1.47%であり、銅量で2300万 t という世界的大鉱山と期待され、2020年以降に生産が予定されている。

　リオ・ティントのパイプラインプロジェクトは、生産が始まっている Oyu Tolgoi を除くと、Resolution（権益55%）と La Granja（権益100%）の2鉱山である。La Granja はペルー北部に位置し、資源量25億6000万 t、銅品位0.61%と、銅量で1536万 t の規模を誇る。将来は SX−EW による銅回収と銅精鉱の生産が予定されている。

　アングロ・アメリカンにおけるパイプラインプロジェクトとしては、Quellaveco（権益81.9%）、Michiquillay（権益100%）、Pebble（権益50%）の3鉱山があげられる。Quellaveco と Michiquillay は2016年から生産が計画されている。Pebble は世界最大級の斑岩型銅・金鉱床であり、資源量59億 t、銅品位0.42%、金品位0.35g/ t が報告されている。ただし、Pebble はアラスカ州のサケの回遊地にあり、米国民主党所属上院議員は大規模鉱山開発の禁止を求める書簡をオバマ大統領に提出している。

　エクストラータは、El Pachon（権益100%）、Tampakan（権益63%）、

表4－6 資源メジャーの成長戦略（既存鉱山 vs 拡張計画 vs 新規鉱山開発）

1. BHPビリトン

①既存鉱山

鉱山名	所在地	2012年生産量（千t）	権益（%）	2010（千t）	2011	2012	2013	2014	2015	2016	2017	2020年以降
Escondida	チリ	1,077	57.5	625	467	619	620	620	620	620	620	620
Olympic Dam	豪州	193	100	123	194	193	193	193	193	193	193	193
Spence SXEW	チリ	167	100	178	181	167	180	180	180	180	180	180
Antamina	ペルー	447	33.8	102	113	151	130	130	130	130	130	130
Cerro Colorado SXEW	チリ	73	100	89	94	73	90	90	90	90	90	90
Pinto Valley SXEW	米国	5	100	6	5	5	売却	0	0	0	0	0

②拡張（再開）

鉱山名	拡張（千t）	投資額（百万米ドル）	権益（%）	2010（千t）	2011	2012	2013	2014	2015	2016	2017	2020年以降
Escondida	400	3,250	57.5						230	230	230	230
Olympic Dam	425	14,800	100									425
Spence	14	200	100				14	14	14	14	14	14

③新規鉱山開発

鉱山名	生産規模（千t）	投資額（百万米ドル）	権益（%）	2010（千t）	2011	2012	2013	2014	2015	2016	2017	2020年以降
Resolution	600	2,500	45									270

出典：年次報告（2012）などにもとづき作成

注1：既存鉱山の生産は、2010～2012年の権益分生産実績のうち、最少生産を除き、残り2年分の生産実績の平均を2013年以降の生産予測とした

注2：Olympic Damの拡張計画は、2012年9月から2016年10月まで回答期限の延長要請を豪州SA政府より承認された

2. リオ・ティント

①既存鉱山

鉱山名	所在地	2012年生産量（千t）	権益（%）	2010（千t）	2011	2012	2013	2014	2015	2016	2017	2020年以降
Escondida	チリ	1,077	30	303	228	323	313	313	313	313	313	313
Bingham Canyon	米国	164	100	250	195	164	220	220	220	220	220	220
Northparks	豪州	54	80	31	40	43	売却	0	0	0	0	0
Grasberg（JV）	インドネシア	327	40	51	17	130	90	90	90	90	0	0
Palabora	南アフリカ	54	57.7	43	40	31	売却	0	0	0	0	0

②拡張（再開）

鉱山名	拡張（千t）	投資額（百万米ドル）	権益（%）	2010（千t）	2011	2012	2013	2014	2015	2016	2017	2020年以降
Escondida	400	3,250	30						120	120	120	120
Grasberg（BlockCave）	450	5,700	40						180	180	180	180
Bingham Canyon	180	2,000	100									180

③新規鉱山開発

鉱山名	生産規模（千t）	投資額（百万米ドル）	権益（%）	2010（千t）	2011	2012	2013	2014	2015	2016	2017	2020年以降
Oyu Tolgoi	510	5,900	51					260	260	260	260	260
Resolution	600	2,500	55									330
La Granja	500	2,750	100									500

出典：年次報告（2011, 2012）, JOGMEC ニュースフラッシュなどにもとづき作成

注1：既存鉱山の生産は、2010～2012年の権益分生産実績のうち、最少生産を除き、残り2年分の生産実績の平均を2013年以降の生産予測とした

注2：Northparksは中国企業（CMOC）に8.2億米ドルで売却を公表（2013年7月29日）、Palaboraも中国グループに3.73億米ドルで売却を発表（2012年12月）

注3：Grasberg鉱山は露天掘りから坑内掘りに移行するため生産量は過去の実績と異なる

3. アングロ・アメリカン

①既存鉱山

鉱山名	所在地	2012年生産量(千t)	権益(%)	2010 (千t)	2011	2012	2013	2014	2015	2016	2017	2020年以降
Collahuasi	チリ	282	44	222	199	124	210	210	210	210	210	210
Mantos Blancos	チリ	55	100	79	72	55	75	75	75	75	75	75
Mantoverde SXEW	チリ	62	100	61	59	62	60	60	60	60	60	60
Los Bronces	チリ	365	50.1	218	222	365	145	145	145	145	145	145
El Soldao	チリ	54	50.1	41	47	54	25	25	25	25	25	25

②拡張（再開）

鉱山名	拡張(千t)	投資額(百万米ドル)	権益(%)	2010 (千t)	2011	2012	2013	2014	2015	2016	2017	2020年以降
Collahuasi	350	750	44				150	150	150	150	150	150

③新規鉱山開発

鉱山名	生産規模(千t)	投資額(百万米ドル)	権益(%)	2010 (千t)	2011	2012	2013	2014	2015	2016	2017	2020年以降
Quellaveco	225	3,300	81.9							184	184	184
Michiquillay	187	2,300	100							187	187	187
Pebble	307	4,700	50				撤退					0

出典：年次報告（2011, 2012）などにもとづき作成

注1：Anglo American Sur は、2011年11月に三菱商事への売却、2012年8月のコルデコへの売却により、アングロ・アメリカンの権益はそれぞれ75.5%、50.1%となった。Anglo American Sur 保有の Los Bronces と El Soldao の 2010～2012年の生産実績は権益100%として算出、2013年以降は50.1%で算出

注2：2013年9月、Pebble プロジェクトから撤退を公表

4. バーレ

①既存鉱山

鉱山名	所在地	2012年生産量（千t）	権益（%）	2010（千t）	2011	2012	2013	2014	2015	2016	2017	2020年以降
Sossego	ブラジル	110	100	123	109	110	116	116	116	116	116	116
Sudbury	カナダ	78	100	35	86	78	80	80	80	80	80	80
Voisey's Bay	カナダ	42	100	33	51	42	46	46	46	46	46	46

②拡張（再開）

鉱山名	拡張（千t）	投資額（百万米ドル）	権益（%）	2010（千t）	2011	2012	2013	2014	2015	2016	2017	2020年以降
Konkola North	45	380	40				18	18	18	18	18	18

③新規鉱山開発

鉱山名	生産規模（千t）	投資額（百万米ドル）	権益（%）	2010（千t）	2011	2012	2013	2014	2015	2016	2017	2020年以降
Salobo	200	1,808	100						200	200	200	200

出典：年次報告（2011, 2012）などにもとづき作成

5. エクストラータ

①既存鉱山

鉱山名	所在地	2012年生産量（千t）	権益（%）	2010（千t）	2011	2012	2013	2014	2015	2016	2017	2020年以降
Mount Isa	豪州	143	100	158	149	143	150	150	150	150	150	150
Ernest Henry	豪州	34	100	75	100	34	87	87	87	87	87	87
Collahuasi	チリ	282	44	222	199	124	210	210	210	210	210	210
Antamina	ペルー	447	34	103	113	152	130	130	130	130	130	130
Lamas Bayas SXEW	チリ	73	100	72	74	73	73	73	73	73	73	73
Alumbrera	アルゼンチン	136	50	70	59	68	69	69	69	69	69	0
Kidd Creek	カナダ	34	100	53	42	34	47	47	47	47	47	47
Falconbridge	カナダ	53	100	32	45	53	49	49	49	49	49	49

②拡張（再開）

鉱山名	拡張（千t）	投資額（百万米ドル）	権益（%）	2010（千t）	2011	2012	2013	2014	2015	2016	2017	2020年以降
Collahuasi	350	750	44				150	150	150	150	150	150

③新規鉱山開発

鉱山名	生産規模（千t）	投資額（百万米ドル）	権益（%）	2010（千t）	2011	2012	2013	2014	2015	2016	2017	2020年以降
Las Bambas	315	5,200	100				売却		0	0	0	0
El Pachon	275	1,900	100							275	275	275
Tampakan	370	5,900	63						売却	0	0	0
Frieda River	204	5,300	82								167	167
Antapaccay	160	1,500	100					160	160	160	160	160
Lomas Bayas	165	300	100					90	売却	0	0	0

出典：年次報告（2011, 2012）などにもとづき作成

注1：Las Bambas はグレンコアとの合併のため中国企業に売却を発表（2013年7月）

注2：フィリピンの Tampakan の権益を、2015年6月に売却することを公表

注3：チリの Lomas Bayas の権益を、2015年10月に売却することを公表

6. フリーポート・マクモラン

①既存鉱山

鉱山名	所在地	2012年生産量(千t)	権益(%)	2010(千t)	2011	2012	2013	2014	2015	2016	2017	2020年以降
Grasberg (PT Freeport)	インドネシア	327	91	625	415	327	520	520	520	520	520	520
Morenci	米国	284	85	200	235	241	238	238	238	238	238	238
Bagdad	米国	81	100	83	78	81	82	82	82	82	82	82
Sierrita	米国	71	100	66	81	71	76	76	76	76	76	76
Chino	米国	67	100	15	33	67	50	50	50	50	50	50
Safford	米国	79	100	65	68	79	73	73	73	73	73	73
Tyrone	米国	38	100	37	34	38	37	37	37	37	37	37
Cerro Verde	ペルー	279	54	168	164	151	166	166	166	166	166	166
Candelaria	チリ	137	80	126	134	110	130	130	130	130	130	130
El Abra	チリ	154	51	74	63	79	76	76	76	76	76	76
Tenke Fungrume SXEW	コンゴ (DR)	159	56	70	74	89	80	80	80	80	80	80

②拡張（再開）

鉱山名	拡張(千t)	投資額(百万米ドル)	権益(%)	2010(千t)	2011	2012	2013	2014	2015	2016	2017	2020年以降
Grasberg (Block Cave)	450	5,700	91						450	450	450	450
Morenci	100	175	85				85	85	85	85	85	85
El Abra (Sulfide)	136	725	51				70	70	70	70	70	70
Cerro Verde	270	4,400	54							146	146	146
Tenke Fungrume	195	n/a	56							109	109	109

出典：年次報告（2011, 2012）などにもとづき作成

注：Grasbergの権益はPT Freeport（91%）とインドネシア政府（9%）が有するため、生産量は全量をPT Freeportとして示す

Frieda River（権益82%）、Antapaccay（権益100%）がパイプラインプロジェクトになるだろう。フィリピンのミンダナオ島に位置するTampakanの権益は、2015年6月に買却することが公表された。地元州政府による採掘禁止措置が解決されないためと言われている。ペルーのLas Bambasは、2015年から銅生産40万ｔ/年が予定されていたが、グレンコア・エクストラータから58億5000万米ドルで買収したコンソーシアムを率いるMMG社（五鉱資源有限公司、本社中国）は、2014年4月、Las Bambasへの投資額を100億米ドルに拡大して、2016年2月に生産開始とすると発表した。

バーレとフリーポート・マクモランについては、パイプラインプロジェクトと呼ばれる大型優良銅鉱山開発の具体的な計画がない。資金的に余裕のあるバーレは、条件によっては銅プロジェクト買収か企業買収により新規開発案件を確保する可能性がある。フリーポート・マクモランは優良な大型銅鉱山を保有しており、資金投資は当面、北米のシェールガスに向けられるものと思われる。

資源メジャーの成長戦略と資源確保は、リスクと時間の観点から、以下の3点が重要と思われる（図4-21）。

①既存大型鉱山の操業

②鉱山周辺の探鉱活動による追加埋蔵量の確保と、既存鉱山の拡張計画

③グラスルーツ探鉱、プロジェクトや企業買収による新規開発案件の確保

世界経済や中国経済の鈍化が指摘され、2011年から資源価格が下落傾向にある現在、資源メジャーは、コア事業以外の資産売却および生産コストや探鉱費の削減などで捻出される資金を、短期的な既存大型鉱山の拡張計画に向けていると考えられる。資源価格のサイクルにおいて、価格下落時の戦略として、既存鉱山の拡張以外にコスト削減のための企業買収も予想される。

図 4-21 資源メジャーの成長戦略と資源確保の概念図

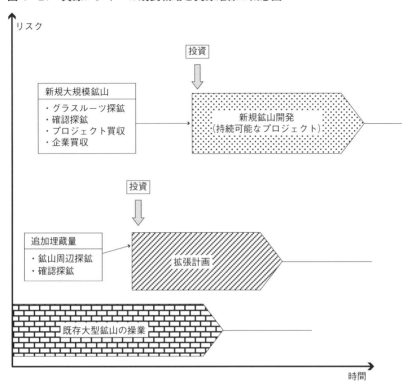

注：リスクと時間の観点から、既存大型鉱山の操業・既存鉱山の拡張・新規鉱山開発の順番で資源確保が想定される。世界経済や資源価格の不透明さから、コア部門以外の資産売却および生産コストや探鉱予算の削減などからの資金を、より確実な既存鉱山の拡張に向けることになる

● ── 新たに就任した CEO 発言からの戦略分析

本章の冒頭でも記した通り、2013年になって、資源メジャーのCEOの多くは交代した。BHPビリトンではマリウス・クロッパーからアンドリュー・マッケンジー（5月）に、リオ・ティントではトム・アルバネーゼからサム・ウォルシュ（1月）に、アングロ・アメリカンではシンシア・キャロルからマーク・カティファニ（1月）に、エクストラータではグレンコア・エクストラータの誕生にともないミック・デイビスからイワン・グラゼンバーグ（6月）にそれぞれ交代した。新たなCEOの誕生にともない、銅部門のCEOも交代した資源メジャーもあった。ここでは、各社のニュースリリースや2013年6月末までの2013年上半期の報告書にもとづき、資源メジャー各社の戦略の転換を探った。

① BHPビリトン

6月末締め豪州会計年度による2013年度年次報告では、2012年度に比べて2013年度は、売上高が722億米ドルから629億6000万米ドルへ、営業利益が337億米ドルから284億米ドルへそれぞれ減少した。特に、石炭部門の営業利益が2012年度の35億9000万米ドルから2013年度は17億2000万米ドルへと大きく減少したが、石油部門と銅部門は前年度の営業利益を維持した。BHPビリトンは、ダイヤモンド事業からの撤退、南アフリカのミネラルサンド企業のリチャード・ベイ・ミネラルズや米国のPinto Valley鉱山などの売却により、2013年度は50億米ドルを確保した。投資案件としては、Jansen Potashプロジェクト（26億米ドル）やEscondidaの新規淡水化プラントの建設（19.7億米ドル）を決定している。石油部門にカリ部門を追加して、石油・カリ部門を新たに設立するとともに、従来のベースメタル部門の名称を銅部門に変更した。銅部門は大型銅鉱山の維持に優先順位があり、Pinto Valleyのような生産規模が小さい銅鉱山は売却の対象になったと思われる。銅探鉱においては、グラスルーツ探鉱やプロジェクト買収

案件の確認探鉱を通じて、優良で大規模な銅鉱山の確保に努めるようである。

②リオ・ティント

　2012年におけるリオ・ティント・コール・モザンビーク（30億米ドル）、リオ・ティント・アルキャンやパシフィック・アルミニウム（計110億米ドル）の評価損を計上した責任をとり、トム・アルバネーゼは引責辞任した。2013年にはノンコア事業を売却して19億米ドルを確保した。売却した中には、Northparkes、Palabora、Eagle といった銅鉱山が含まれるが、大型銅鉱山の維持を目的とするリオ・ティントにとって、小規模銅鉱山が売却の対象になったと思われる。なお、ダイヤモンド部門はコア事業として残すことを決定した。2013年上半期には、生産コスト削減で15億米ドル、探鉱費削減で7億5000万米ドルを捻出している。2013年は140億米ドルの投資を予定しており、Oyu Tolgoi 鉱山、Pilbara 鉄鉱山の拡張、Argyle ダイヤモンド鉱山などの投資案件が採択されている。鉱山寿命が長く、競争力のある生産コストを有する大型銅鉱山の拡張や、開発を重視する姿勢は、新たな CEO の下でも継続されるようである。

③アングロ・アメリカン

　CEO のマーク・カティファニの就任にともない、銅部門の CEO にヘニー・ファウルが2013年10月に任命された。ファウルは、就任直前に Los Bronces 銅鉱山の拡張や Collahuasi 銅鉱山の改善に従事していた。アングロ・アメリカンは2009年10月に発表したノンコア部門の売却によって、2013年末までに40億米ドルの資金を確保している。新たな投資の対象として、南アフリカの Kolomera 鉄鉱山、ブラジルの Barro Alto ニッケル鉱山、チリの Los Bronces 銅鉱山の拡張を決定している。

④バーレ

　2013年第1四半期（1～3月）のレポートによると、2013年第1四半期の営業利益によるキャッシュフローは52億米ドルと過去2番目に高い数字を示した。これは、副産物の金の営業利益19億米ドルをベースメタルの勘定に組み込んだためである。参考までに、過去最高だったのは、鉄鉱石や銅価格がピークに達した2011年の第1四半期であった。バーレでは、コスト削減や支出の抑制が業績改善に通じると考えられており、ベースメタルの操業部門において、生産性の向上やコスト削減が検討されている。例えば、Sudbury製錬所における1炉での操業の決定に加え、高品位・低生産コストのVoisey's Bay Ovoid鉱山からのニッケル生産の拡大や、拡張の建設期間中に精鉱の船積みの認可交渉が指摘される。さらに探鉱段階で、Thompsonニッケル鉱山深部の既存鉱山周辺探鉱を行い、ニッケル埋蔵量の拡大をめざしている。2013年における投資は163億米ドルを予定しており、Carajas鉄鉱山の拡張（1億5000万t/年）に向けられるようである。

⑤エクストラータ

　グレンコアとエクストラータの合併によるシナジー効果や、年間5億米ドルを超えるコスト削減が期待されている。また、Tenke FungrumeやAntapaccay銅鉱山、コロンビアのProdeco石炭鉱山における生産性向上も重要視している。ただし、合併にともなう資産の見直しにより、127億米ドルの評価損を計上した。

⑥フリーポート・マクモラン

　2013年上半期のレポートによると、上半期の銅生産は85万6000tであった。内訳としては北米（31万4000t）・南米（27万t）・インドネシア（16万2000t）・アフリカ（11万t）であり、2012年上半期よりも増産傾向にある。特にアフリカからの生産が前年同期比152％を示しており、Tenke地区における探鉱活動や製錬試験を行い、将来に向けた拡張計画の検討材

料としている。もちろん、拡張計画については、世界経済・銅市場・コンゴ（DRC）の政情などが大きく影響する。2013年6月3日、フリーポート・マクモランは米国ヒューストンにある石油会社、プレインズ探査・生産会社の買収（買収額190億米ドル）を発表した。米国籍の石油・ガス資産を有する企業買収により、キャッシュフローの確保だけでなく新しい魅力的なエネルギー市場への進出を果たした。エネルギー資産の中には、カリフォルニアにおける既存油田、テキサスにおける Eagle Ford 陸上油田、メキシコ湾における深部油田、ルイジアナにおける Haynesvile 天然ガス田などが含まれており、銅に特化した事業からエネルギー資源の事業を含む多角化への道が開かれたことになる。CEOであるリチャード・アドカーソンも、エネルギー部門への進出が事業の拡大をもたらすと考えている。ただし、原油価格も下落傾向にあり、2013年8月に記録した106.55米ドル/bblから2015年1月には47.60米ドル/bblへと半分以下になっており、今後の価格推移が気になる。

　中国に代表される新興国で、経済の減速や資源価格の乱高下が進んでいる。鉄鉱石価格は、2011年2月のピーク（187.18米ドル/t）から2015年2月には62.69米ドル/tへと、3分の1にまで下落している。石炭価格についても同様に、2011年1月の141.94米ドル/tが2015年2月には65.79米ドル/tと半分以下になっている。銅価格については、2011年2月の9881米ドル/tから2015年2月の5729米ドル/tへと下落傾向にある。
　資源価格の見通しについては、世界経済の動向に大きく左右され、不確定な要素が多い。ベースメタルの中でも、高い水準にある銅価格の今後の展開に関する情報として、国際機関による需給バランスの見通しがある。国際銅研究会が2015年4月に発表した情報では、銅の需給バランスは、2014年の43万tの不足から、2015年は36万4000t、2016年は22万8000tの供給過剰に転じると予想している。中国を中心とした新興国の景気減速による需要低下と2013年以降の大型銅鉱山の生産開始により、供給過剰にな

るとの考えにもとづいている。

　このような状況下、資源メジャー各社はノンコア事業や小規模鉱山の売却を進める一方、生産コスト削減による資金確保を進めている。投資案件の多くは、即効性があり、かつリスクの少ない、既存大型鉱山の拡張に向けられている。新たな大型鉱山開発を長期的視野に入れながらも、短期的なキャッシュフローの確保が可能な既存大型鉱山の拡張が今後しばらく続く戦略と考えられる。エネルギー部門への進出は、将来どのような結果になるかわからないが、銅に特化した資源メジャーとしては、新たな挑戦であろう。

◉ ── 今後の展開

　資源開発の上流部門においてグローバル鉱山会社をめざす資源メジャーにとって、競争力のある大型鉱山の確保は不可欠である。さらに、将来にわたる持続的生産活動を保証するためには、既存鉱山の拡張やパイプラインプロジェクトとしての新規鉱山開発案件を確保することが重要である。

　資源価格が下落傾向にある中、資源メジャーの今後の成長戦略として、時間とリスクの観点から以下のような3段階が想定される。

①既存大型鉱山の維持

　生産コストや生産量において競争力のある大型鉱山を維持するためには、既存鉱山内での探鉱活動による埋蔵量確保や、技術開発による回収率の向上などが要求される。資源メジャー6社のうちバーレを除く5社は、年産10万tを超える大型銅鉱山を2〜4鉱山保有している。バーレはSossego銅鉱山のみが10万tを少し超える程度であり、2006年にインコを買収しているが、銅生産においては2012年で29万tと、残りの5社と大きく差が開いている。

②既存鉱山の拡張計画

　鉱山周辺探鉱による追加埋蔵量の確保や生産コスト削減のための大型化も重要な資源戦略である。Escondida 周辺の Pampa Escondida の発見（2008年）、Los Bronces 周辺の Los Sulfatos の発見（2007年）、Los Pelambres 周辺の Frontera の発見（2007年）などはその事例である。BHP ビリトンの Escondida、アングロ・アメリカンとエクストラータ保有の Collahuasi などに対して、拡張にともない莫大な投資をしている。ただ、投資リスクとしては、新規鉱山開発に比較すると圧倒的に安全であろう。さらに、時間的にも早期生産が見込まれることから、短期的資源確保が可能である。フリーポート・マクモランは Morenci や Cerro Verde の拡張計画のほか、1989年に生産を始めた Grasberg 露天掘り鉱山も銅品位の低下による生産減のため、新たに Grasberg Block Cave による坑内掘りを計画している。

③新規鉱山開発（パイプラインプロジェクト）

　既存鉱山の操業や拡張計画とつながるパイプラインとしての新規鉱山開発案件の確保が必要である。新規鉱山開発はリスクも高く、かつ、環境調査や開発許可をめぐり時間を要する。最近は地域住民との交渉も多くの課題を抱えるようになった。例えば、米国アラスカ州の Pebble プロジェクトでは、世界最大級の露天掘り鉱山開発は、豊かなサケの遡上を脅かすと考えられ、資源メジャーのアングロ・アメリカンもリオ・ティントも権益を放棄した。また、新規鉱山開発案件の確保のためには、グラスルーツ探鉱・プロジェクト買収・企業買収を行う必要がある。BHP ビリトン、リオ・ティント、アングロ・アメリカン、エクストラータには大型銅鉱山の開発案件があるが、一方、フリーポート・マクモランやバーレは大型銅鉱山の開発案件は保有していない。

　資源メジャーが世界最大の鉱山会社として成功するためには、寡占的市

場で重要な地位を保持する必要がある。資源メジャーの多くは多角化をめざしているが、市場規模が大きく、価格形成に大きな影響力を与えるのは、銅精鉱・鉄鉱石・石炭の輸出市場である。2012年、6社の資源メジャーが銅精鉱輸出市場で45％を、鉄鉱石市場ではBHPビリトン、リオ・ティント、アングロ・アメリカン、バーレの4社で62％を、石炭貿易ではBHPビリトン、リオ・ティント、アングロ・アメリカン、エクストラータの4社で28％をそれぞれ占めている。アルミニウム・ニッケル・亜鉛などは現在大量の在庫を抱えており、資源メジャーのコア事業として脚光を浴びる可能性は低い。したがって、当面、資源メジャーとしては、銅精鉱・鉄鉱石・石炭の分野における、大型で競争力のある鉱山確保に投資を集中すると思われる。

　1990年代に比べて2000年代における銅資源獲得コストは高騰している。例えば、主要資源メジャーによる銅探鉱コストは16米ドル／ｔから50米ドル／ｔへ、銅プロジェクト買収コストは124米ドル／ｔから160米ドル／ｔへ、企業買収コストは278米ドル／ｔから1202米ドル／ｔへ、それぞれ上昇している。探鉱活動による資源確保は安価であるが、長い時間を要するため、プロジェクト買収や企業買収による即効的な資源確保も今後ありうると考えられる。特に、銅部門においてマイナーな立場にあるバーレは、積極的な買収活動により拡大していくことが予想される。バーレの場合、企業規模や資産総額において、BHPビリトン、リオ・ティント、グレンコア・エクストラータとならぶ規模を誇っており、2007～2008年以降の純流動資産額や純資産額は資源メジャーの中でも最大を誇った時期もある。そのため、バーレは潤沢なキャッシュフローを背景に大型買収を行うだけのポテンシャルを保有している。

　エクストラータとグレンコアは2013年5月に合併してグレンコア・エクストラータが誕生し、会社規模や資産総額は世界でトップクラスとなった。エクストラータは21世紀になって、優良資源企業を買収することによって、短期間のうちに世界的資源メジャーの地位を確保した。資源メジャー6社

の中でも、アングロ・アメリカンやフリーポート・マクモランは会社規模・資産総額・売上高・営業利益においてほかの4社と比較しても小さく、今後とも資源メジャー間でのM&Aが続くとすると、2社は企業買収の対象となる可能性もある。グレンコア・エクストラータは、鉄鉱石価格低迷の打撃を受けてスピンオフや資産売却などの事業合理化に動くBHPビリトン、リオ・ティント、アングロ・アメリカンなどを合併先の候補として検討していると報じられ注目を集めていたが、2014年10月7日、リオ・ティントとの合併について同年7月に電話で非公式に打診を行ったことを発表した。リオ・ティントはグレンコア・エクストラータからの合併申し入れについて、当社株主の関心にそぐわないとして2014年7月に拒否したとコメントを出している。

　ただ、2006〜2009年に資源メジャーが経験したように、資源価格の低迷により、莫大な企業買収費が大きな欠損となる場合もあることから、今後の資源確保と投資は、用意周到な資源戦略にもとづくものとなろう。フリーポート・マクモランは、2013年に190億米ドルを投じて石油・ガス企業を買収したが、この大型買収が原油・ガス価格が下落傾向にある中で成長戦略にどのように影響するのか注目したい。

和英表記対照表

●会社名

Alcan	アルキャン
Anaconda Copper	アナコンダ・カッパー
Anglo American	アングロ・アメリカン
ASARCO：American Smelting and Refining Company	アサルコ
Atlas Steel	アトラス・スティール
Australian Iron & Steel Company	オーストラリア鉄鋼会社
Baring Brothers	ベアリング・ブラザーズ
BHP Billiton	BHPビリトン
Billiton	ビリトン
Borax Holdings	ボラックス・ホールディングス
Boulton & Watt	ボールトン＆ワット商会
BP	ブリティッシュ・ペトロリアル
BP Minerals	BPミネラルズ
Broken Hill Proprietary Company （BHP）	ブロークンヒル・プロプライエタリー・カンパニー
CBH Resources	CBHリソーシズ
Chevron	シェブロン
CODELCO：Corporacion Nacional del Cobre de Chile	コデルコ
Colorado School of Mines	コロラド・スクール・オブ・マインズ
Consolidated Zinc Corporation	コンソリデーテッド・ジンク
Conzinc Riotinto of Australia Ltd.	コンジンク・リオティント・オブ・オーストラリア
CRA：Conzinc Riotinto of Australia	コンジンク・リオティント・オブ・オーストラリア
CVRD：Companhia Vale do Rio Doce	リオ・ドセ
Cyprus Amax Minerals Co.	サイプラス・アマックス

De Beers	デビアス
De Beers Consolidated Mines	デビアス・コンソリデーテッド・マインズ
Dunkelsbuhler's	デュンケルスビューラー
Esso Standard	エッソ・スタンダード
Exxon Mobil	エクソンモービル
Falconbridge	ファルコンブリッジ
FCX：Freeport McMoRan Copper & Gold Inc.	フリーポート・マクモラン
Gencor	ジェンコー
General Electric	ゼネラル・エレクトリック
Glencore	グレンコア
Glencore International	グレンコア・インターナショナル
GlencoreXstrata	グレンコア・エクストラータ
Goldcorp	ゴールド・コープ
Goldman Sachs	ゴールドマン・サックス
Grupo Mexico	グルポ・メヒコ
Hambro	ハンブロ
Holmes a Court	ホームズ・ア・コート
Hudson Bay Minerals	ハドソン・ベイ・ミネラルズ
I.G.Farben	I.G.ファルベン
Inco	インコ
Ingwe Coal	インゲ・コール
Ivanhoe	アイバンホー
J.P.Morgan	J.P.モルガン
Kennecott Copper Corporation	ケネコット・カッパー・コーポレーション
Kennecott Minerals	ケネコット・ミネラルズ
Kennecott Utah Copper	ケネコット・ユタ・カッパー
Lac	ラック・ミネラルズ
Leman Brothers	リーマン・ブラザーズ
Magma Copper	マグマ・カッパー
Mantos Blancos	マントス・ブランコス
MEG：Metal Economics Group	MEG社
MIM：Mount Isa Mines	MIM社
Minorco	ミノルコ

North	ノース
Northern Dynasty	ノーザン・ダイナスティ
Ownamin Ltd.	オウナミン
Pacific Aluminium	パシフィック・アルミニウム
Peabody Coal	ピーボデー・コール
Perilya	ペリルヤ社
Petro China	ペトロチャイナ
Petrohawk Energy Corporation	ペトロホーク・エネルギー
Phelps Dodge	フェルプス・ドッジ
Plains Exploration & Production Company	プレインズ探査・生産会社
PNG Sustainable Development Program Ltd.	PNG持続可能な発展プログラム社
QNI（Queensland Nickel）	クイーンズランド・ニッケル
Rhokana Corporation	ロカナ・コーポレーション
Richards Bay Minerals	リチャード・ベイ・ミネラルズ
Rio Algom	リオ・アルゴム
Rio Tinto	リオ・ティント
Rio Tinto Alcan	リオ・ティント・アルキャン
Rio Tinto Coal Mozambique	リオ・ティント・コール・モザンビーク
Rio Tinto Company	リオ・ティント・カンパニー
Rio Tinto-Zinc Corporation	リオ・ティント−ジンク・コーポレーション
Rothschild	ロスチャイルド
Royal Dutch Shell	ロイヤル・ダッチ・シェル
RTZ Corporation	RTZコーポレーション
Rusal	ルサール
Salomon Brothers	ソロモン・ブラザーズ
Samancor	サマンコール
Standard Oil	スタンダード・オイル
Standard Oil Of New Jersey	スタンダード・オイル・オブ・ニュー・ジャージー
Stingray Copper	スティングレイ・カッパー
Total	トタル
Utah International	ユタ・インターナショナル

Vale	バーレ
Vedanta Resources	ベダンタ・リソーシズ
WMC（Western Mining Corporation）Resources	WMC リソーシズ
Woodside Petloreum	ウッドサイド・ペトロリアム
Xstrata	エクストラータ

●人名

Adkerson, Richard	アドカーソン，リチャード
Albanese, Tom	アルバネーゼ，トム
Allende, Salvador	アジェンデ，サルバドール
Anderson, Paul	アンダーソン，ポール
Argus, Don	アルゴス，ドン
Boulton, Matthew	ボールトン，マシュー
Carey, Samuel Warren	ケアリー，サミュエル・ウォレン
Carroll, Cynthia	キャロル，シンシア
Coignet	コワニエ
Cutifani, Mark	カティファニ，マーク
Davis, Mick	デイビス，ミック
Delprat, Daniel	デルプラット，ダニエル
Duncan, Val	ダンカン，バル
Ellis, Jerry	エリス，ジェリー
Faul, Hennie,	ファウル，ヘニー
Gedde, Aucklands	ゲッデス，オークランド
Gilbertson, Brian	ギルバートソン，ブライアン
Gilmore, Mary	ギルモア，メアリー
Glasenberg, Ivan	グラゼンバーグ，イワン
Goodyear, Charles	グッドイヤー，チャールズ
Guggenheim, Barbara	グッゲンハイム，バーバラ
Guggenheim, Daniel	グッゲンハイム，ダニエル
Guggenheim, Harry	グッゲンハイム，ハリー
Guggenheim, Issac	グッゲンハイム，アイザック
Guggenheim, Meyer	グッゲンハイム，マイアー
Guggenheim, Murry	グッゲンハイム，マーリー
Guggenheim, Simon	グッゲンハイム，サイモン
Guggenheim, Solomon	グッゲンハイム，ソロモン
Holmes a Court, Robert	ホームズ・ア・コート，ロバート
James, David	ジェームス，デイビッド
Kloppers, Marius	クロッパー，マリウス
Larroque	ラロック

Lewis, Essington	ルイス，エシングトン
Loton, Brian	ロートン，ブライアン
Mackenzie, Andrew	マッケンジー，アンドリュー
Matheson, Hugh	マシソン，ヒュー
Maurier, Daphne du	モーリア，ダフネ・デュ
McCulloch, George	マカロック，ジョージ
McLennan, Ian	マクレナン，イアン
Menzies, Robert G.	メンジーズ，ロバート・G.
Montalva, Eduardo Frei	モンタルバ，エドアルド・フレイ
Oppenheimer, Bernard	オッペンハイマー，バーナード
Oppenheimer, Ernest	オッペンハイマー，アーネスト
Oppenheimer, Harry	オッペンハイマー，ハリー
Oppenheimer, Louis	オッペンハイマー，ルイス
Oppenheimer, Nicholas	オッペンハイマー，ニコラス
Patton, William	パットン，ウィリアム
Plessis, Jan du	プレシス，ヤン・デュ
Pool, James	プール，ジェームス
Prescott, John	プレスコット，ジョン
Rasp, Charls	ラスプ，チャールズ
Rhodes, Cecil	ローズ，セシル
Rich, Mark	リッチ，マーク
Rothschild, Mayer Amschel	ロートシルト，マイアー・アムシェル
Schlapp, Hermann	シュラップ，ヘルマン
Syme, Colin	サイム，コリン
Tonkin, Brian	トンキン，ブライアン
Toro, Rodrigo	トロ，ロドリゴ
Trahar, Tony	トラハー，トニー
Trevithick, Richard	トレビシック，リチャード
Turner, Mark	ターナー，マーク
Walsh, Sam	ウォルシュ，サム
Watt, James	ワット，ジェームズ
Weekes, L.G.	ウィークス，L.G.
Wilson, Bob	ウィルソン，ボブ

主要参考文献

◉第1章

BHP ビリトン（「資源について」HP　資源企業）

    http://resource.ashigaru.jp/top_company_bhp.html

BHP Billiton History（Funding Universe）

    http://www.fundinguniverse.com/company-histories/bhp-billiton-history/

BHP Billiton Annual Report（2001～2014）

Cornish diaspora

    http://en.wikipedia.org/wiki/Cornish_diaspora

㈱石油天然ガス・金属鉱物資源機構「世界の鉱業の趨勢2014　オーストラリア」

Financial Times International year books（1979～2000），James Banfield ed., published by London Group

小林　浩（2002）「英系非鉄メジャー誕生の背景」㈳日本メタル経済研究所テーマレポート，No.95, pp.99

小林　浩（2003）「Rio Tinto 社の歴史1873～1975年（世界企業としての原点を探る）」㈳日本メタル経済研究所テーマレポート，No.110, pp.121

小林　浩（2006）「企業研究：BHP Billiton（世界最大の総合資源企業の誕生）」金属資源レポート，No.1, pp.203-209

Maurier, Daphne du（1967）Vanishing Cornwall, Penguin Books Ltd. 1972 ed. 210pp.

Mining in Cornwall and Devon

    https://en.wikipedia.org/wiki/Mining_in_Cornwall_and_Devon

Merchant bank

    http://en.wikipedia.org/wiki/Merchant_bank

ブレイン，ロナルド（1976）『世界産銅業界の組織分析』（石本筌訳），日本鉱業協会，323pp.

Rio Tinto Annual Report（2001～2013）

Rio Tinto Mines/Mining area in Huelva province/Andalucia.com

    www.andalucia.com/province/huelva/riotinto/home.htm

澤田賢治（2015）「歴史の散歩道：英国銅産業の歴史と資源メジャーの誕生」エネルギー・資源，vol.36, No.5, pp.8-12

Schmitz, Christopher J.（1979）World Non-Ferrous Metal Production and Prices, 1700

–1976, Routledge, 420pp.

㈳日本メタルセンター（1980）「英国コングロマリット企業リオ・チント・ジンク社の発展、経緯とその背景」432 pp.

スミス，B.W.（1966）『銅の6000年』（日本銅センター訳），アグネ，148pp.

菅原　歩（2007）「リオ・ティント社の対カナダ投資、1952～1956年——鉱業多国籍企業の形成過程」経営史学，vol.42, No.2, pp.3–29

Schultz-Byard N.（2011）History of Broken Hill
http://www.abc.net.au/local/audio/2011/01/21/3118162.htm

世界史講義録　第88回産業革命
http://www.geocities.jp/timeway/kougi-88.html

The Silver City：Mining History
http://www.oocities.org/bhsilvercity/bhp.htm

Thompson P. and Macklim R.（2009）Big Fella BHP Billiton の隆盛, Itochu Minerals & Energy of Australia 訳（2010）

●第2章

Daniel Guggenheim-Wikipedia
https://en.wikipedia.org/wiki/Daniel_Guggenheim

㈱石油天然ガス・金属鉱物資源機構（2014a）「世界の鉱業の趨勢2014　南アフリカ」14pp.

㈱石油天然ガス・金属鉱物資源機構（2014b）「資源メジャー・金属部門の動向調査，Anglo American」10pp.

㈱石油天然ガス・金属鉱物資源機構（2014c）「資源メジャー・金属部門の動向調査，Xstrata」13pp.

㈱石油天然ガス・金属鉱物資源機構（2006）『銅ビジネスの歴史』㈱石油天然ガス・金属鉱物資源機構，142pp.

小林　浩（2010）「非鉄金属産業で活躍したユダヤ人」㈳日本メタル経済研究所テーマレポート，No.166, pp.139

梶原和義「世界の金融を支配するユダヤ国際金融資本」（「ユダヤ人問題は地球の運命を左右する」HP）
http://www.geocities.jp/kajiwara210114/newpage3.html

Our History –De Beers Group
www.debeersgroup.com/en/our-story/our-history.html

澤田賢治（2014）「歴史の散歩道：資源開発に貢献したユダヤ人」エネルギー・資源，
vol.35, No.4, pp.57-60

Schmitz, Christopher J.（1979）World Non-Ferrous Metal Production and Prices, 1700
-1976, Routledge, 420pp.

武田晴人（1987）『日本産銅業史』東京大学出版会

◉第3章

松元　宏（2004）「日本の財閥──成立・発展・解体の歴史」エコノミア，vol.55, No. 1,
pp.1-16

難波　穣（2006）『愛媛の昭和史・平成年表──1926〜2005』アトラス地域文化新書，
アトラス出版

澤田賢治（2015）「歴史の散歩道：鉱業による財閥の形成──別子銅鉱山と住友の繁
栄」エネルギー・資源，vol.36, No.2, pp.16-19

Schmitz, Christopher J.（1979）World Non-Ferrous Metal Production and Prices, 1700
-1976, Routledge, 420pp.

住友金属鉱山㈱（2014）年次報告，45pp.

住友金属鉱山㈱（1991）『住友別子鉱山史　上巻』505pp.

住友金属鉱山㈱（1970）『住友金属鉱山二十年史』389pp.

内田欽介（1992）「鉱業：産業発展に果たす役割、そして環境（住友・別子銅山の歴史
を中心として）」資源地質特別号，vol.13, pp.53-78

別子銅山 – Wikipedia
https://ja.wikipedia.org/wiki/別子銅山

◉第4章

Anglo American Annual Report（1992〜2014）

Anglo American Press releases, 16 August 2013

Anglo American Press releases, 08 January 2013

BHP Billiton Annual Report（1992〜2014）

BHP Billiton 2013 Preliminary News release

Coal information 2012 edition
http://www.iea.org/statistics/topics/coal/

CODELCO Annual Report（1992〜2002）

㈱石油天然ガス・金属鉱物資源機構（2013）「資源メジャー・金属部門の動向調査
　　2012」239pp.

FCX Annual Report（1992～2014）

FCX News release 2Q2013 Financial package

Forbes global 2000, 2010, 2013, 2014 edition
　　http://www.forbes.com/global2000/list

Glencore Annual Report（2014）

Glencore Xstrata Annual Report（2013）

GlencoreXstrata Half-Year Results 2013, 20 August 2013

Grupo Mexico Annual Report（1992～2002）

IMF Primary Commodity Prices
　　http://www.imf.org/external/np/res/commod/index.aspx

井澤英二（2012）「明日を支える資源（130）：金属資源の発見とその背景」エネルギ
　　ー・資源，vol.33, No.3, pp.155–159

Metals Economics Group（MEG）（2011, 2012），Corporate Exploration Strategies

中村繁夫（2012）「明日を支える資源（129）：世界に資源を求めて」エネルギー・資源，
　　vol.33, No.2, pp.101–106

Phelps Dodge Annual Report（1992～2002）

Raw Materials Group（2011），Raw Materials Date
　　https://www.linkedin.com/company/raw-materials-group

Rio Tinto Annual Report（1992～2014）

Rio Tinto Media release 08 August 2013

澤田賢治（2005）「非鉄メジャーの銅資源確保と探鉱投資」JOGMEC 金属資源レポート，
　　vol.35, No.2, pp.38–43

澤田賢治（2006）「鉱種別サプライサイド分析（1）――銅」JOGMEC 金属資源レポー
　　ト，vol.35, No.6, pp.97–111

澤田賢治（2009）「世界の探鉱活動と主要非鉄メジャーの動向」JOGMEC 金属資源レポ
　　ート，vol.39, No.4, pp.25–34

澤田賢治（2011）「世界の資源問題と日本の資源確保」エネルギー・資源，vol.32, No.3,
　　pp.131–134

澤田賢治（2013a）『資源と経済――持続可能な金属資源の利用を求めて』丸善出版，
　　162pp.

澤田賢治（2013b）「資源メジャーの成長戦略と資源確保」㈳日本メタル経済研究所テ
　　ーマレポート，No.196, pp.1–76

柴田明夫（2011）「明日を支える資源（124）：新興国の経済成長と資源インフレ」エネルギー・資源, vol.32, No.2, pp.108-111

高橋康志（2011）「明日を支える資源（125）：鉄鉱石資源の確保とその課題」エネルギー・資源, vol.32, No.3, pp.174-178

冨田新二（2011）「明日を支える資源（126）：石炭資源の確保とその課題」エネルギー・資源, vol.32, No.4, pp.239-243

Vale Annual Report（1992～2014）

World Bureau of Metal Statistics（2001～2014）, Metal Statistics Yearbook

Xstrata Annual Report（1992～2012）

山本邦仁（2012）「明日を支える資源（131）：金属資源の探査手法」エネルギー・資源, vol.33, No.4, pp.206-210

索　引

【a～z】

BHP ビリトン
　　……… 20～30, 30～32, 32～36, 63～135
BP ミネラルズ……………………… 19, 32
CBH リソーシズ……………………… 34
I.G. ファルベン……………………… 49
J.P. モルガン………………………… 45
LME 在庫……………………………… 78
MIM社………………………………… 30, 72
PNG 持続可能な発展プログラム社…… 37
RTZ コーポレーション…………… 19, 106
WMC リソーシズ…………………… 30

【あ行】

アイバンホー………………………… 93
アサルコ……………………… 48, 103
アジア経済危機…………………… 34
アジェンデ, サルバドール…………… 49
アドカーソン, リチャード………… 131
アトラス・スティール……………… 19
アナコンダ・カッパー……………… 49
アルキャン………………………… 36, 64
アルゴス, ドン………………… 27, 29
アルバネーゼ, トム……………… 36, 65
アングロ・アメリカン
　　……………………… 45, 50, 63～135
アンダーソン, ポール……………… 27
一般炭……………………………… 31

インゲ・コール……………………… 28
インコ………………………………… 64
ウィークス, L.G.…………………… 24
ウィットウォーターズランド……… 44
ウィルソン, ボブ…………………… 32
ウォルシュ, サム…………………… 65
ウッドサイド・ペトロリアム……… 30
エクストラータ……… 29, 30, 50, 63～135
エクソンモービル……………… 65, 67, 68
エッソ・スタンダード……………… 25
エリス, ジェリー…………………… 35
オウナミン…………………………… 18
オーストラリア鉄鋼会社…………… 24
オッペンハイマー, アーネスト…43～46

【か行】

価格弾性値…………………………… 76
確認探鉱……………………………… 95
カッパーベルト……………………… 17
カティファニ, マーク…………… 65, 129
官営事業払い下げ…………………… 52
カントリーリスク…………………… 36
企業の規模…………………………… 65
企業買収………………… 64, 85, 107
企業買収コスト……………… 99, 115
キャロル, シンシア………………50, 65
共同企業体…………………………… 25
ギルバートソン, ブライアン……27, 29
ギルモア, メアリー………………… 23
キンバリー…………………………… 44

147

金利・税金・償却前営業利益⋯⋯⋯ 80

クイーンズランド・ニッケル⋯⋯⋯ 28

グッゲンハイム，ダニエル⋯⋯ 46〜49

グッゲンハイム，マイアー⋯⋯⋯⋯ 47

グッドイヤー，チャールズ⋯⋯ 27, 29

グラスルーツ探鉱⋯⋯⋯⋯⋯ 95, 128

グラゼンバーグ，イワン⋯⋯⋯⋯ 65

グルポ・メヒコ

　⋯103, 104, 105, 107, 108, 112, 114, 116

グレンコア⋯⋯⋯⋯⋯ 50, 68〜70, 134

グレンコア・インターナショナル⋯ 111

グレンコア・エクストラータ

　⋯⋯⋯⋯⋯⋯⋯ 50, 65, 69, 70, 134

グローバリゼーション⋯⋯⋯⋯⋯ 86

クロッパー，マリウス⋯⋯⋯⋯ 31, 65

ゲッデス，オークランド⋯⋯⋯⋯ 17

ケネコット・カッパー・コーポレーショ

　ン⋯⋯⋯⋯⋯⋯⋯⋯⋯⋯⋯⋯ 48

ケネコット・ミネラルズ⋯⋯⋯⋯ 19

ケネコット・ユタ・カッパー⋯⋯ 48

原料炭⋯⋯⋯⋯⋯⋯⋯⋯⋯⋯⋯ 31

鉱業金融会社⋯⋯⋯⋯⋯⋯⋯ 18, 45

鉱山周辺探鉱⋯⋯⋯⋯⋯⋯⋯⋯ 95

鴻之舞金鉱山⋯⋯⋯⋯⋯⋯⋯⋯ 59

ゴールドマン・サックス⋯⋯⋯⋯ 41

ゴールド・ラッシュ⋯⋯⋯⋯⋯⋯ 21

コーンウォール⋯⋯⋯⋯⋯⋯ 12, 13

国有化⋯⋯⋯⋯⋯⋯⋯⋯⋯⋯⋯ 49

コデルコ⋯⋯ 86, 103, 104, 106, 107, 112

コンジンク・リオティント・オブ・オー

　ストラリア⋯⋯⋯⋯⋯⋯⋯⋯ 19

コンソリデーテッド・ジンク⋯⋯ 19

【さ行】

最高経営責任者⋯⋯⋯⋯⋯⋯⋯⋯ 9

最高財務責任者⋯⋯⋯⋯⋯⋯⋯ 27

サイプラス・アマックス⋯⋯⋯ 106, 108

サイム，コリン⋯⋯⋯⋯⋯⋯⋯ 24

サマンコール⋯⋯⋯⋯⋯⋯⋯⋯ 28

産業革命⋯⋯⋯⋯⋯⋯⋯⋯⋯ 10, 41

三大財閥⋯⋯⋯⋯⋯⋯⋯⋯⋯⋯ 52

シェールガス⋯⋯⋯⋯⋯⋯⋯⋯ 36

シェブロン⋯⋯⋯⋯⋯⋯ 66, 67, 68

ジェンコー⋯⋯⋯⋯⋯⋯⋯⋯⋯ 27

時価総額⋯⋯⋯⋯⋯⋯⋯⋯⋯⋯ 65

資源メジャー⋯⋯⋯⋯⋯⋯⋯ 28, 67

持続可能性⋯⋯⋯⋯⋯⋯⋯⋯⋯ 37

持続可能な生産⋯⋯⋯⋯⋯⋯⋯ 117

四半期インデックス価格⋯⋯⋯⋯ 78

ジュニア⋯⋯⋯⋯⋯⋯⋯⋯ 67, 109

純資産⋯⋯⋯⋯⋯⋯⋯⋯⋯⋯ 87, 91

新規鉱山開発⋯⋯⋯⋯⋯⋯⋯⋯ 133

スタンダード・オイル・オブ・ニュー・

　ジャージー⋯⋯⋯⋯⋯⋯⋯⋯ 25

成長戦略⋯⋯⋯⋯⋯ 92, 119, 126, 132

製錬原料⋯⋯⋯⋯⋯⋯⋯⋯⋯⋯ 74

製錬費⋯⋯⋯⋯⋯⋯⋯⋯⋯⋯⋯ 75

石油メジャー⋯⋯⋯⋯⋯⋯⋯⋯ 67

ゼネラル・エレクトリック⋯⋯⋯ 26

ソロモン・ブラザーズ⋯⋯⋯⋯⋯ 41

【た行】

ターナー，マーク⋯⋯⋯⋯⋯⋯ 18

大英帝国⋯⋯⋯⋯⋯⋯⋯⋯⋯⋯ 32

ダンカン，バル……………………… 18	パシフィック・アルミニウム……… 129
探鉱活動………………………… 92, 107	バス海峡…………………………… 25
探鉱コスト……………………… 99, 111	ハンブロ…………………………… 15
朝鮮戦争…………………………… 60	ピーボデー・コール……………… 26
チリ化政策………………………… 49	菱刈金鉱山………………………… 62
デイビス，ミック……………… 27, 29, 65	ビリトン………………………… 27〜28
鉄鉱石海上貿易…………………… 75	ファウル，ヘニー………………… 129
デビアス……………………… 44, 46, 50	ファルコンブリッジ……………… 64
デビアス・コンソリデーテッド・マイン	フェルプス・ドッジ
ズ……………………………… 44	…… 64, 103, 104, 106〜108, 112, 114
デュンケルスビューラー………… 44	浮遊選鉱法………………………… 23
デルプラット，ダニエル………… 23	フリースタンディング・カンパニー
投機的資金………………………… 76	……………………………… 16
銅鉱………………………………… 74	フリーポート・マクモラン
銅地金……………………………… 74	……………………… 32, 63〜135
銅精鉱……………………………… 74	ブリティッシュ・ペトロリアル… 67, 68
銅の王……………………………… 49	ブレインズ探査・生産会社……… 131
トタル…………………………… 67, 68	プレシス，ヤン・デュ…………… 35
トラハー，トニー………………… 86	プレスコット，ジョン…………… 35
トロ，ロドリゴ…………………… 86	ブロークンヒル…………………… 22
	ブロークンヒル・プロプライエタリー・
【な行】	カンパニー（BHP）……………… 21
	プロジェクト買収………………… 107
南蛮吹き…………………………… 54	プロジェクト買収コスト………… 113
2本社体制………………………… 29	ベアリング・ブラザーズ………… 15
ノーザン・ダイナスティ………… 93	ベースメタル……………………… 82
ノース……………………………… 106	ベダンタ・リソーシズ…………… 75
	別子鉱山…………………………… 54
【は行】	ペトロチャイナ……………… 65, 67, 68
	ペトロホーク・エネルギー……… 36
バーレ…………………… 28, 63〜135	ベリルヤ社………………………… 23
買収コスト………………………… 99	ベンチマーク価格………………… 78
パイプラインプロジェクト…… 119, 133	ホームズ・ア・コート…………… 36
パイライト鉱石…………………… 16	ホームズ・ア・コート，ロバート… 36

149

ボールトン&ワット商会……………12
ボラックス・ホールディングス………19
本船渡し価格………………………84

【ま行】

マーチャント・バンク………………14
マグマ・カッパー…………………33, 34
マクレナン，イアン…………………24
マシソン，ヒュー……………………15
マッケンジー，アンドリュー………65
マントス・ブランコス………………108
ミノル………………………………108
モーリア，ダフネ・デュ……………13

【や行】

輸出市場……………………………75
ユタ・インターナショナル………26, 33
ユダヤ国際金融資本…………………40
溶媒抽出電解………………………103

【ら行】

ラスプ，チャールズ…………………21
ラッキー・カントリー………………35
ラック・ミネラルズ…………………106

リーマンショック………64, 78, 87, 109
リーマン・ブラザーズ………………41
リオ・アルゴム……………………18, 27
リオ・ティント
………15〜20, 30〜32, 32〜36, 63〜135
リオ・ティント・アルキャン………129
リオ・ティント・カンパニー………15
リオ・ティント・コール・モザンビーク
…………………………………129
リオ・ティント−ジンク・コーポレーシ
ョン………………………………19
リオ・ドセ…………………………28, 114
リチャード・ベイ・ミネラルズ……128
リッチ，マーク………………………50
硫酸工業……………………………17
ルイス，エシングトン………………24
ルサール……………………………29
ロイヤル・ダッチ・シェル
…………………………27, 41, 66〜68
ローズ，セシル………………………44
ロートシルト，マイアー・アムシェル
…………………………………40
ロートン，ブライアン………………26
ロカナ・コーポレーション…………17
ロスチャイルド……………15, 20, 40
ロンドン金属取引所…………………15

海外の鉱山

Agua Rica·····································108
Alumbrera·····························33, 106
Antamina·····················33, 84, 106, 118
Antapaccay························108, 126, 130
Argyle·····································129
Barro Alto·································129
Batu Hijau·································62
Bethlehem··································62
Big Gossan································107
Bingham Canyon·················48, 84, 118
Broken Hill·····················21, 33, 34
Bwana Mkubwa······························17
Cananea····································108
Candelaria····························62, 119
Caradon·····································13
Carajas·····································130
Caval Ridge································90
Cerro Colorado·····················33, 106
Cerro Verde········62, 72, 106, 119, 133
Chuquicamata····················48, 49, 103
Clermont····································89
Collahuasi·········84, 85, 118, 129, 133
Coral Bay··································62
Cornwall····································12
Corocohuayco······························108
Disputada······························86, 113
Dolcoath····································13
Eagle·······································129
El Abra·································103, 106
El Pachon···································119
El Teniente····························48, 49

Escondida·································
　26, 32, 33, 35, 52, 84, 93, 95, 106,118,
　128, 133
Esperanza···································93
Frieda River·······························126
Frontera······························93, 133
Gaby Sur····································107
Grasberg
　········33, 65, 72, 84, 103, 108, 118, 133
Grasberg Block Cave·······················133
Grasberg Expansion·······················103
Hamerslay···································19
Highland Valley·····························33
Hope Downs··································88
Hugo Dummett·······························93
Iron Knob···································23
Iron Monarch·······························23
Kianga······································26
Kolomera····································129
Kolwezi Tailings····················108, 113
Konkola································108, 113
Kucing Liar·····················103, 107, 108
La Granja······························115, 119
Las Bambas·····························64, 126
Las Cruces··································108
Los Bronces·········85, 93, 118, 129, 133
Los Pelambres·························93, 133
Los Sulfatos···························93, 133
Lubambe·····································71
Mansa Mina·································107
Mantos Blancos·····························86

151

Mary Kathleen	18	Resolution	119
Michiquillay	119	Rio Tinto	15, 36
Minas-Rio	64	Robinson	27
Moatize	71	Rossing	19
Morenci	62, 72, 118, 133	Salobo	64, 71, 114
Mount Isa	84, 118	San Enrique Monolito	93
Moura	26	San Manuel	27
Mt. Newman	24	Saxonville	26
Nchanga	17, 108, 113	Sepon	108
Northparkes	129	Sierra Gorda	62
Ok Tedi	37, 108	Sossego	85, 114, 118, 132
Olympic Dam	30, 84, 90, 118	Spence	33, 84
Oyu Tolgoi	64, 93, 115, 119, 129	Spence SXEW	118
Palabora	19, 108, 129	Superior	27
Pampa Escondida	93, 95, 133	Taganite	62
Pebble	119	Tampakan	119, 126
Pebble East	93	Telegrafo Sur	93
Pebble West	93	Tenke Fungrume	72, 130
Pilbara	129	Thompson	130
Pinto Valley	27, 128	Tintaya	84, 106
Pogo	62	VNC	71
Prodeco	130	Voisey's Bay Ovoid	130
PT Freeport	118	Yampi Sound	24
Quellaveco	64, 119		

著者

澤田賢治 (さわだ・けんじ)

1948年、山口県生まれ。

1972年、九州大学大学院理学研究科地質学修士課程修了。

1983年、米国コロラド鉱山大学大学院資源経済学修士課程修了。

1972年、金属鉱業事業団（現・㈱石油天然ガス・金属鉱物資源機構）に入団。

国内の鉱物資源探査事業、深海底鉱物資源や海水からのウラン回収事業、途上国における鉱物資源探査支援、国内外の環境対策事業に従事。

その間、国連天然資源探査回転基金事務局長として、鉱物資源の探査活動を通じて途上国支援を行う。

また、㈳日本メタル経済研究所に出向して銅資源の需給関係に関する調査研究を実施し、その研究報告を国内の資源業界に提供。

その後、金属鉱業事業団資源情報センター所長、㈱石油天然ガス・金属鉱物資源機構特別顧問を歴任し、現在は、東京大学生産技術研究所客員教授。

主な研究分野は、資源経済学、資源地質学、資源戦略学。

資源地質学会、資源・素材学会、エネルギー・資源学会所属。

著訳書に、

『生きている大地』（マーサー・ボーン著、講談社、1977年）

『さまよえる大陸と動物たち──絶滅した恐龍たちの叙事詩』（E.H.コルバート著、講談社ブルーバックス、1980年）

『資源と経済──持続可能な金属資源の利用を求めて』（丸善出版、2013年）

などがある。

資源メジャーの誕生と成長戦略

2016 年 2 月 15 日　初刷発行

著者　　　　　澤田賢治
発行者　　　　土井二郎
発行所　　　　築地書館株式会社
　　　　　　　〒 104-0045 東京都中央区築地 7-4-4-201
　　　　　　　TEL.03-3542-3731　FAX.03-3541-5799
　　　　　　　http://www.tsukiji-shokan.co.jp/
　　　　　　　振替 00110-5-19057
印刷製本　　　中央精版印刷株式会社

ⓒ Kenji Sawada 2016 Printed in Japan　ISBN978-4-8067-1509-2

本書の複写、複製、上映、譲渡、公衆送信（送信可能化を含む）の各権利は築地書館株式会社が管理の委託を受けています。
JCOPY 〈出版者著作権管理機構 委託出版物〉
本書の無断複製は著作権法上での例外を除き禁じられています。複製される場合は、そのつど事前に、出版者著作権管理機構（TEL.03-3513-6969、FAX.03-3513-6979、e-mail: info@jcopy.or.jp）の許諾を得てください。

● 築地書館の本 ●

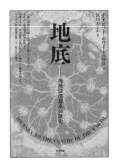

地底
地球深部探求の歴史

デイビッド・ホワイトハウス [著] 江口あとか [訳]
2700 円＋税

ジュール・ヴェルヌの『地底旅行』から 150 年。
人類は地球の内部をどのように捉えてきたのか……
中世から最先端の科学仮説まで、地球と宇宙、
生命進化の謎が詰まった地表から地球内核まで
6000km の探求の旅へと、私たちを誘う。

土の文明史
ローマ帝国、マヤ文明を滅ぼし、
米国、中国を衰退させる土の話

デイビッド・モントゴメリー [著] 片岡夏実 [訳]
● 8 刷　2800 円＋税

土が文明の寿命を決定する！
文明が衰退する原因は気候変動か、
戦争か、疫病か？
古代文明から 20 世紀のアメリカまで、
土から歴史を見ることで、社会に大変動を引き起こす
土と人類の関係を解き明かす。

価格・刷数は 2016 年 1 月現在

● 築地書館の本 ●

日本の土
地質学が明かす黒土と縄文文化

山野井徹 [著]
◉ 3 刷　2300 円 + 税

日本列島の表土の約 2 割を占める真っ黒な土、
クロボク土は、火山灰土ではなく
縄文人が 1 万年をかけて作り出した文化遺産だった。
30 年に及ぶ地質学の研究で明らかになった、
日本列島の形成から表土の成長までを、
考古学、土壌学、土質工学も交えて解説する。

富士山噴火の歴史
万葉集から現代まで

都司嘉宣 [著]
2400 円 + 税

富士山の噴煙が
最後に目撃されたのはいつだったのか？
1 万 5 千首を超える和歌、80 を超える文献に
目を通し、北斎が描いた噴煙を上げる富士山の絵
にも遭遇。世界遺産となった富士山の、
知られざる姿に触れる一冊。

価格・刷数は 2016 年 1 月現在

● 築地書館の本 ●

緑のダムの科学
減災・森林・水循環

蔵治光一郎＋保屋野初子［編］
2800 円＋税

流域圏における「緑のダム」づくりの
科学的理論と実践事例を、
第一線の研究者 15 名が解説。

土壌物理学
土中の水・熱・ガス・化学物質移動の
基礎と応用

W. ジュリー＋R. ホートン［著］取出伸夫［監訳］
井上光弘＋長裕幸＋西村拓＋諸泉利嗣＋渡辺晋生［訳］
● 3 刷　4200 円＋税

地下水汚染、土壌汚染、砂漠化、雨水資源化などに
関連して、ますます重要性の増す名著。
世界中で広く教科書、実用書として用いられてきた
「SOIL PHYSICS」の改訂第 6 版。
土中の物質移動の基礎理論を、
多くの例題を通して、体系的に学ぶことができる。

価格・刷数は 2016 年 1 月現在

● 築地書館の本 ●

バイオマス本当の話
持続可能な社会に向けて

泊みゆき［著］
1800 円＋税

世界で最も多く使われている再生可能エネルギー、
バイオマス（生物由来の有機資源）。
日本は今後、バイオマスをどう利用すべきか。
長年、調査研究、政策提言をしてきた著者が示す、
バイオマスの適切な利用と
持続可能な社会への道筋とは？

カーボン・マーケットと CDM

「環境・持続社会」研究センター（JACSES）［編］
2400 円＋税

温暖化防止・持続可能な発展のための
低炭素社会の仕組みづくりを、
第一線の研究者・専門家、環境 NGO 活動家たちが
まとめた緊急リポート。
二酸化炭素排出量取引市場とクリーン開発メカニズム
の現状と今後を、さまざまな角度から論じた書。

価格・刷数は 2016 年 1 月現在